罗宾和他的萌友们

棒针编织小玩偶20款

[韩] 程惠贞 / 著
宗 婧 / 译

中国纺织出版社有限公司

著作权合同登记号：图字：01-2021-3091

图书在版编目（CIP）数据

罗宾和他的萌友们：棒针编织小玩偶20款 /（韩）程惠贞著；宗婧译. -- 北京：中国纺织出版社有限公司，2021.9（2024. 4重印）
ISBN 978-7-5180-8660-3

Ⅰ. ①罗… Ⅱ. ①程… ②宗… Ⅲ. ①棒针—玩具—编织 Ⅳ. ① TS935.522

中国版本图书馆 CIP 数据核字（2021）第 125564 号

责任编辑：刘　婧　　责任校对：高　涵　　责任印制：储志伟

中国纺织出版社有限公司出版发行
地址：北京市朝阳区百子湾东里 A407 号楼　邮政编码：100124
销售电话：010—67004422　传真：010—87155801
http://www.c-textilep.com
中国纺织出版社天猫旗舰店
官方微博 http://weibo.com/2119887771
北京通天印刷有限责任公司印刷　各地新华书店经销
2021 年 9 月第 1 版　2024年4月第3次印刷
开本：889 × 1194　1/16　印张：13.5
字数：271 千字　定价：98.00 元

凡购本书，如有缺页、倒页、脱页，由本社图书营销中心调换

罗宾和他的萌友们

棒针编织小玩偶20款

序言 PROLOGUE

当我第一次看到手工编织的棒针玩偶时就十分着迷，也因此开始了自己的编织生涯。虽然编织其他设计师的作品的过程也非常愉快，但当我设计出自己的玩偶时，我简直高兴得说不出话。 在脑海中想象出要编织的玩偶后，选择适当的线，一针一针地编织、缝合和装饰，毛线就如被施了魔法一般变成了玩偶。即使彻夜工作，只要想象着即将完成的玩偶，心情就十分激动，那种幸福让我感觉不到疲惫。

在编写这本书的过程中，我希望读者们不仅仅能制作出可爱的玩偶，更能体验美好的制作过程。因此，为了让初次接触手工编织玩偶的朋友们可以轻松地制作，本书采用了简单的结构和针法。当然，本书中所收录的玩偶也是让编织老手们也会想要编织的可爱款式。

如果你是第一次接触手工编织玩偶，或者还没有熟练掌握棒针编织也没关系，按照说明一针一线地跟着制作，不知不觉中就可以完成一个有自己特色的玩偶。

用这本书感受一下手工编织玩偶的温暖魅力吧。

在我连拿棒针都很别扭的新手时期，我遇到了“编织者”的成员们，至今已经7年了。如果没有他们，我就不会坚持手工编织这么久了。虽然比起见面一起编织，其实一起聊天的日子更多，但还是非常感谢大家对我的支持以及对我的书的祝福。

我还要向一直鼓励我的父亲、姐姐和弟弟表示由衷的感谢。最后我想把这本书献给比任何人都为我高兴的母亲。

程惠贞

目录 CONTENTS

PART 1
棒针编织小玩偶的制作 009

KNITTING
DOLL

棒针编织小玩偶的制作

01

小象艾利

××××××

艾利是丛林里的小能手，
它的鼻子像手一样灵活，
甚至可以玩杂耍球。
它可以用鼻子为不会爬树的朋友们摘高高挂在树上的苹果，
是大家的好伙伴。

预览

准备材料

大小：15cm

☑ 小象

线：婴羊驼毛 DK（King cole Baby Alpaca DK），天蓝色

针：2.5mm棒针

密度：平针编织 31针×39行（10cm×10cm）

☑ 披肩

线：安哥拉山羊毛/马海毛（Super Angora），象牙白色

针：3mm棒针

密度：双罗纹编织 26针×36行（10cm×10cm）

其他：6mm玩偶眼睛、毛钱缝针、棉花、刺绣线（深褐色）、防解别针、记号扣、气消笔（或水消笔）、布艺彩色铅笔（或布艺墨水）、披肩上的扣子（6mm）、珠针、钳子

工具和针法：参考第187~216页

编织说明使用方法

- 同一行中重复针法用“【 】×次”表示。
- 有配色的部分用与线颜色相近的文字标记。

编织图使用方法

- 编织图用符号表示正面花形，编织时正面按照符号编织，反面则应编织与符号相反的针法。
- 编织图两侧的箭头表示行针方向，数字表示行数和针数。
- 需要使用记号扣的位置请参考编织说明。

编织说明 PATTERN ×××××

右腿

*用天蓝色线起12针

第1行：上针12针；（共12针）

第2行：下针1针，下针1针放2针的加针10次，下针1针；（共22针）

第3~5行：平针编织3行；（共22针）

• 在第5行的第1针和第2针之间、第21针和第22针之间用记号扣或其他颜色的线标记**

• 断线，将织物移动到防解别针或其他针上

左腿

• 重复右腿部分的*到**

• 不断线，保持原状

身体

• 连接双腿：织完左腿继续织右腿

第6行：在左腿第22针的位置织下针20针，右上2针并1针，继续织刚刚放在其他针上的右腿，左上2针并1针，下针20针；（共42针）

第7行：上针1行；（共42针）

第8行：下针1针，【下针3针，下针1针放2针的加针】10次，下针1针；（共52针）

第9~23行：平针编织15行；（共52针）

第24行：下针12针，右上2针并1针，左上2针并1针，下针20针，右上2针并1针，左上2针并1针，下针12针；（共48针）

第25~27行：平针编织3行；（共48针）

第28行：下针11针，右上2针并1针，左上2针并1针，下针18针，右上2针并1针，左上2针并1针，下针11针；（共44针）

第29~31行：平针编织3行；（共44针）

第32行：【下2针，左上2针并1针】2次，下针2针，右上2针并1针，左上2针并1针，下针3针，左上2针并1针，【下针2针，左上2针并1针】2次，下针3针，右上2针并1针，左上2针并1针，【下针2针，左上2针并1针】2次，下针2针；（共33针）

第33行：上针1行；（共33针）

脸

第34行：下针1针，【下针1针放2针的加针】31次，下针1针；（共64针）

第35~38行：平针编织4行；（共64针）

• 在第38行的中间位置（第32针和第33针之间）挂上记号扣

第39~49行：平针编织11行；（共64针）

第50行：下针15针，右上2针并1针，左上2针并1针，下针26针，右上2针并1针，左上2针并1针，下针15针；（共60针）

• 在第50行的第16针和第17针之间、第44针和第45针之间挂上记号扣

第51~53行：平针编织3行；（共60针）

第54行：下针14针，右上2针并1针，左上2针并1针，下针24针，右上2针并1针，左上2针并1针，下针14针；（共56针）

第55~57行：平针编织3行；（共56针）

第58行：下针1针，【下针4针，左上2针并1针】9次，下针1针；（共47针）

第59行：上针1行；（共47针）

第60行：下针1针，【下针3针，左上2针并1针】9次，下针1针；（共38针）

第61行：上针1行；（共38针）

第62行：下针1针，【下针2针，左上2针并1针】9次，下针1针；（共29针）

第63行：上针1行；（共29针）

第64行：下针1针，【下针1针，左上2针并1针】9次，下针1针；（共20针）

第65行：上针1行；（共20针）

第66行：下针1针，【左上2针并1针】9次，下针1针；（共11针）

• 捆绑收针

耳朵（4片）

• 用天蓝色线起12针

第1行：上针1行；（共12针）

第2行：【下针1针，下针1针放2针的加针，下针1针】4次；（共16针）

第3~7行：平针编织5行；（共16针）

第8行：下针1针，左上2针并1针，下针10针，右上2针并1针，下针1针；（共14针）

第9行：上针1行；（共14针）

第10行：下针1针，【左上2针并1针，下针3针】2次，右上2针并1针，下针1针；（共11针）

• 上针收针

胳膊（2片）

• 用天蓝色线起8针

第1行：上针1行；（共8针）

第2行：下针1针，向右扭针加针，下针6针，向左扭针加针，下针1针；（共10针）

第3行：上针1行；（共10针）

第4行：下针1针，向右扭针加针，下针8针，向左扭针加针，下针1针；（共12针）

第5行：上针1行；（共12针）

第6行：【下针1针，向右扭针加针】2次，下针8针，【向左扭针加针，下针1针】2次；（共16针）

• 在第6行的第1针和第2针之间、最后一针和倒数第二针之间用记号扣或其他颜色的线标记

第7~17行：平针编织11行；（共16针）

第18行：下针1针，【左上2针并1针】7次，下针1针；（共9针）

• 捆绑收针

鼻子

• 用天蓝色线起17针

第1~3行：上针起头，平针编织3行；（共17针）

第4行：下针1针，【下针1针，左上2针并1针】5次，下针1针；（共12针）

第5~13行：平针编织9行；（共12针）

第14行：下针2针，【左上2针并1针，下针1针】3次，下针1针；（共9针）

• 捆绑收针

尾巴

• 用天蓝色线起7针

第1~8行：上针起头，平针编织8行

• 上针收针

披肩

• 用3mm棒针和象牙白色线起78针

第1行：【上针2针，下针2针】19次，上针2针；（共78针）

第2行：【下针2针，上针2针】19次，下针2针；（共78针）

第3行：上针1针，空针，左上2针并1针，下针1针，【上针2针，下针2针】18次，上针2针；（共78针）

• 一边左上2针并1针一边收针

编织图 × × × × ×

腿、身体、脸

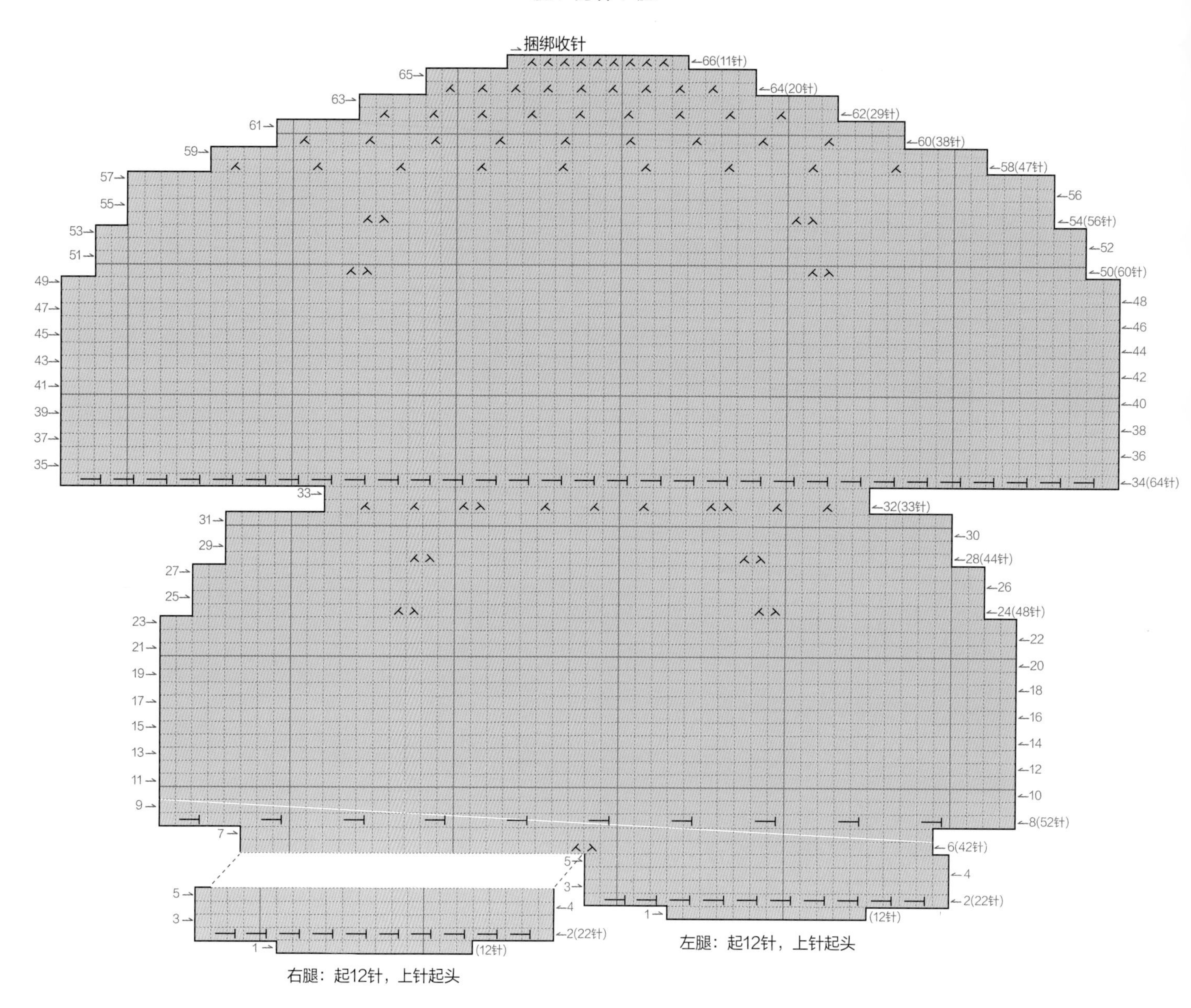

捆绑收针
66(11针)
65
64(20针)
63
62(29针)
61
60(38针)
59
58(47针)
57
56
55
54(56针)
53
52
51
50(60针)
49
48
47
46
45
44
43
42
41
40
39
38
37
36
35
34(64针)
33
32(33针)
31
30
29
28(44针)
27
26
25
24(48针)
23
22
21
20
19
18
17
16
15
14
13
12
11
10
9
8(52针)
7
6(42针)
5
4
3
2(22针)
1
(12针)
右腿：起12针，上针起头
左腿：起12针，上针起头

尾巴

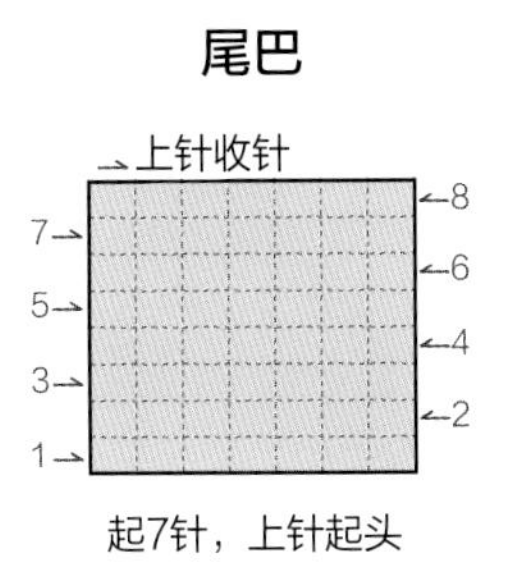

起7针，上针起头

耳朵（4片）

上针收针

9
7
5
3
1
10(11针)
8(14针)
6
4
2(16针)
(12针)

起12针，上针起头

鼻子

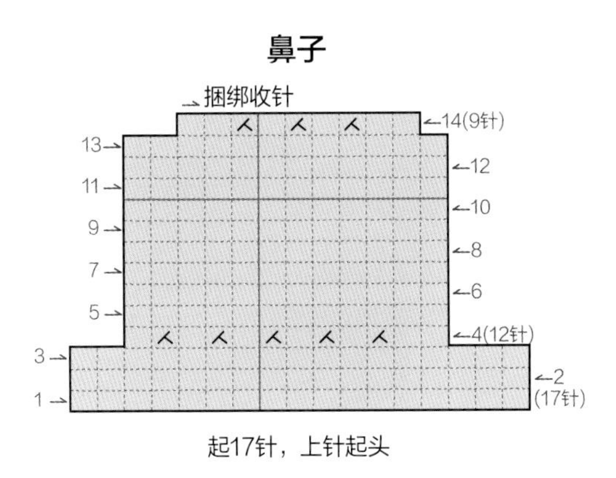

起17针，上针起头

胳膊（2片）

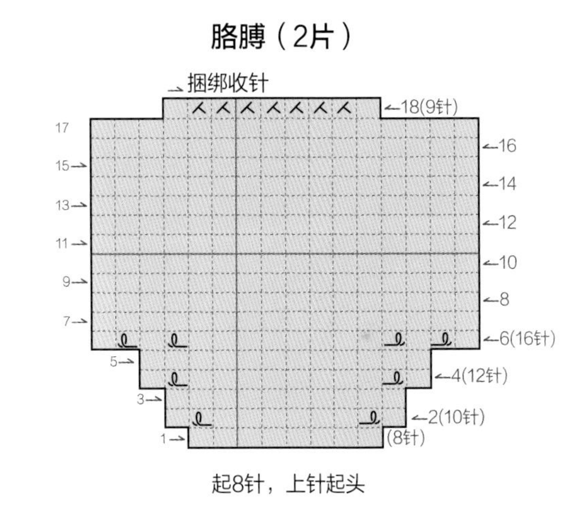

起8针，上针起头

披肩

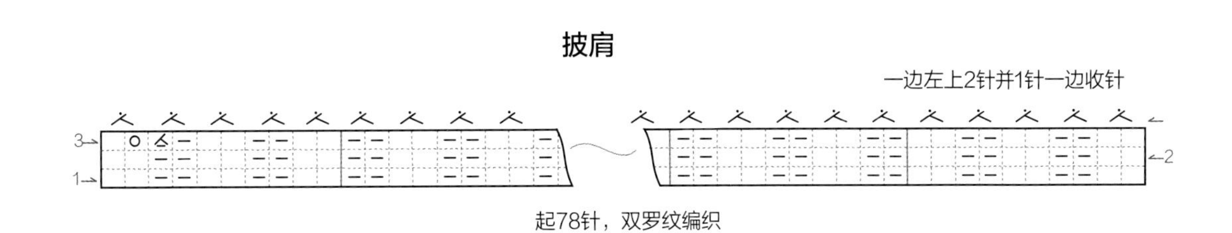

起78针，双罗纹编织

腿部编织方法和连接方法

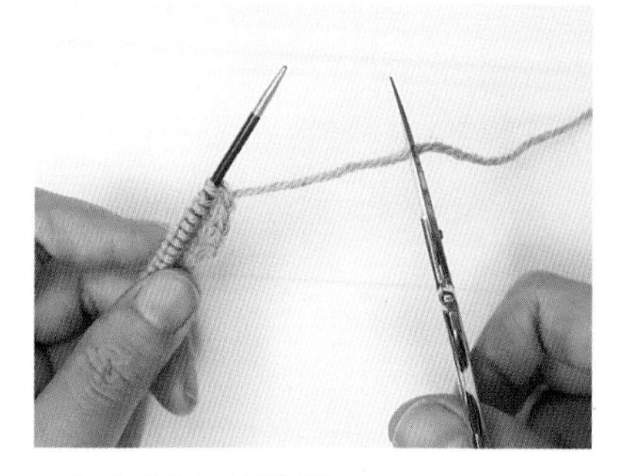

1. 织完右腿后剪断线。

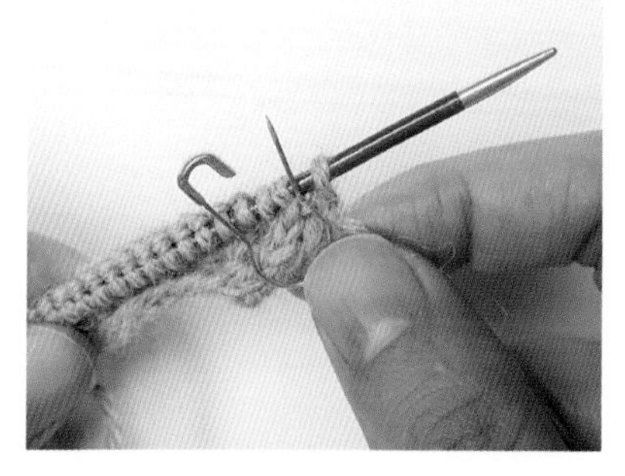

2. 织完第5行后在第1针和第2针之间、第21针和第22针之间用记号扣或其他颜色的线标记。

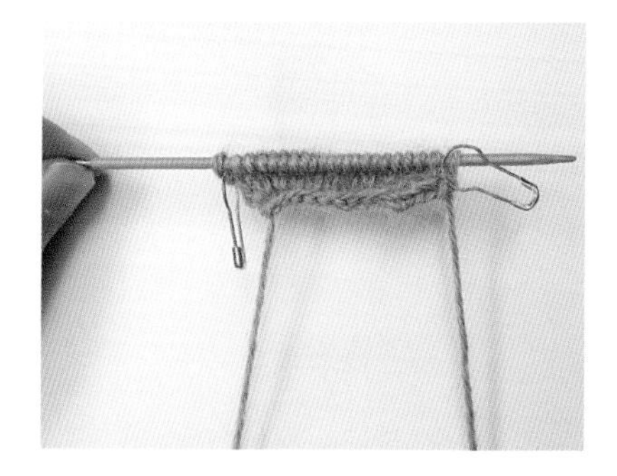

3. 将右腿移动到防解别针或其他针上后，织左腿。

4. 从左腿22针的位置开始织，织完左腿后直接继续织刚刚放在其他针上的右腿。

捆绑收针

5. 编织结束后，留出足够长度的缝线后剪断。

6. 换用缝针穿线，依次穿过棒针上的线圈。

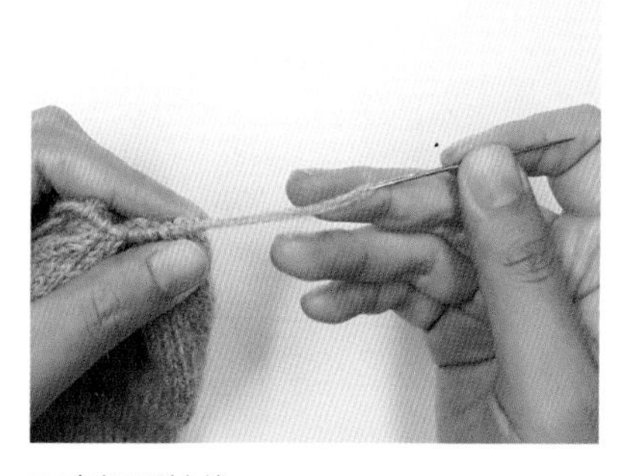

7. 穿好后拉线。

8. 拉紧完成。

缝合身体

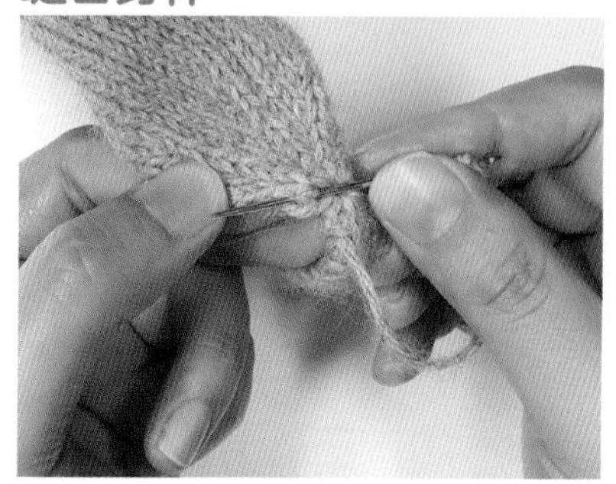

9. 从捆绑收针的位置开始用平针缝合。

10. 从脸部的起针行（第34行）开始向下缝合3~4行。

11. 将两条腿用平针缝合。

12. 缝合至两条腿上被标记的位置。

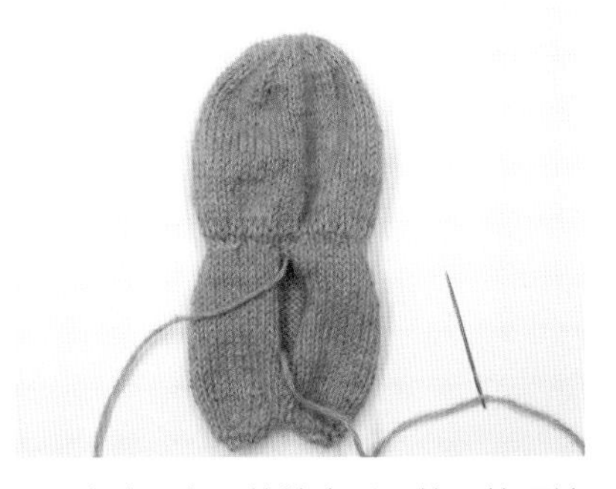

13. 完成两条腿的缝合后，从腿的顶端开始缝合至留出2~3cm的洞。

14. 用手或镊子把棉花塞进洞口，时不时用手捏一下使其成型。注意不要让棉花结块。

15. 将留出的洞口缝合。

16. 沿脸部的起针行（第34行）前一行将线圈连起来缝一圈。

※为了方便理解使用红色线

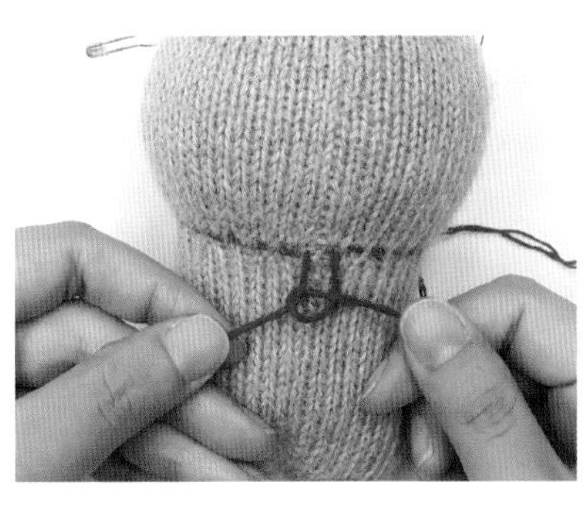

17. 最大限度地拉紧后打结。

18. 将针插入打结的位置，再从远处位置穿出，把结藏进玩偶中。

19. 拉紧线头后剪断。

20. 为了做出两腿间的缝隙，如上图所示，将线沿边缘穿过。

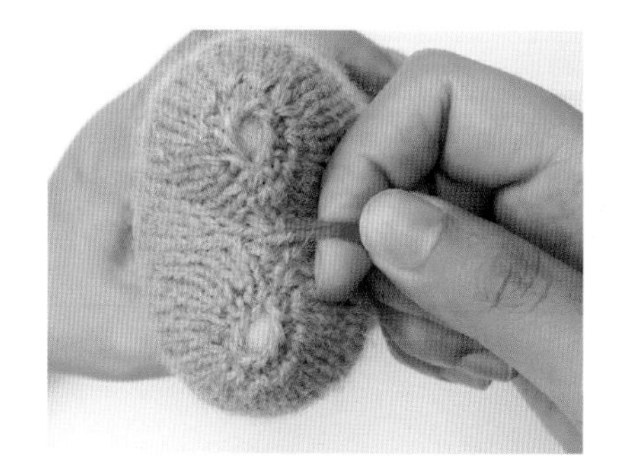

21. 收紧后打几次结，将针插入打结的位置，再从远处位置穿出，把结藏进玩偶中。

22. 将线从内到外（或从外到内，以同一方向穿缝）依次穿过腿底部的起始行的线圈后拉紧。

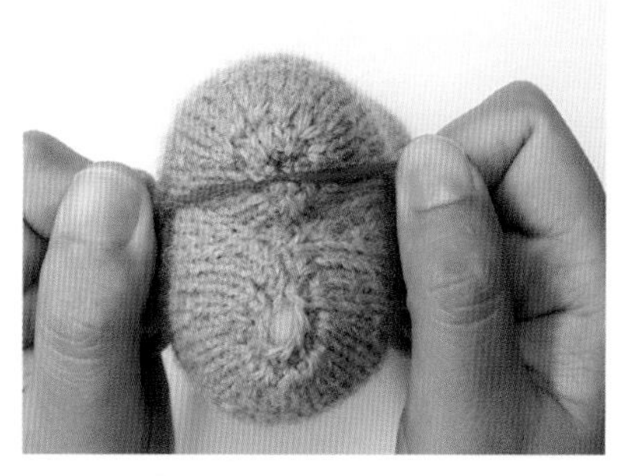

23. 打几次结，将针插入打结的位置，再从远处位置穿出，把结藏进玩偶中。

24. 完成身体部分。

组装胳膊

25. 从捆绑收针的位置开始用平针缝合至记号扣所在的第6行。

26. 用镊子塞入棉花。

27. 把胳膊放在位于脸和脖子的分界线上，且与耳朵位于同一直线上的位置，用珠针固定好。用水消笔沿轮廓描出缝合线。

28. 确保胳膊和耳朵垂直。

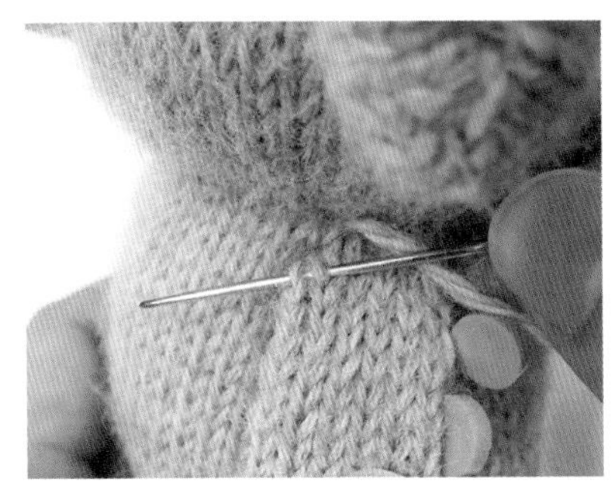

29. 将胳膊和脸缝合。

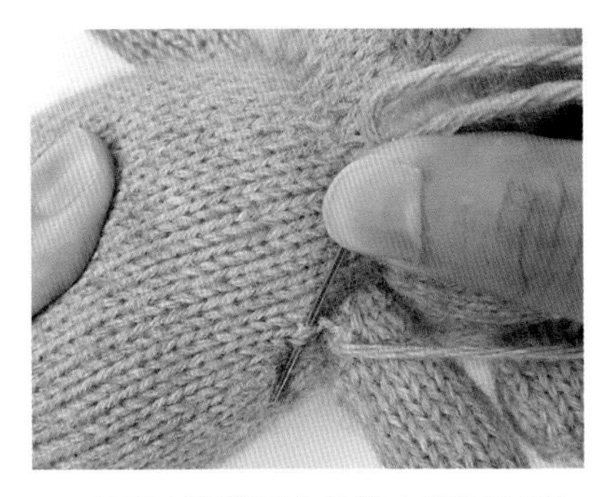

30. 按照水消笔画出的缝合线将胳膊与身体用平针缝合。注意缝的过程中要拉紧线以隐藏缝合痕迹。

组装鼻子

31. 从缝线收尾的位置开始用平针缝合至起始行。注意一定要从捆绑收针的位置开始。

32. 将线拉紧至鼻子弯曲。

33. 用水消笔以第38行记号扣的位置为中心最低点向上画出鼻子的缝合线。（直径约为2cm的圆圈）

34. 按照水消笔的印记将鼻子的最下端与脸用平针缝合。注意缝的过程中拉紧线以隐藏缝合痕迹。

35. 将线在针上缠几圈并打结。

36. 将针插入打结的位置，再从远处位置穿出，把结藏进玩偶中。

组装耳朵

37. 拉紧线头后剪断。

38. 将两片耳朵的反面相对，重叠在一起，从起针行开始用平针缝合至收针行。

39. 将耳朵的顶端缝合在一起。因为缝合时会产生新的一行所以注意不要拉得太紧。

40. 完成耳朵部分。

41. 把耳朵顶端的中心与第50行的记号扣对齐，用珠针固定好。

42. 用水消笔沿轮廓描出缝合线。

组装尾巴

43. 按照水消笔的印记将耳朵最下端的针脚一一与脸用平针缝合。注意缝的过程中拉紧线以隐藏。

44. 把线剪断成多股并打结制成穗子。

45. 用镊子把穗子的结放入缝合好侧边的尾巴中。

46. 用针将线挑散。

47. 用缝针沿起针行从内到外依次缝合线圈，最后用力拉紧收尾。

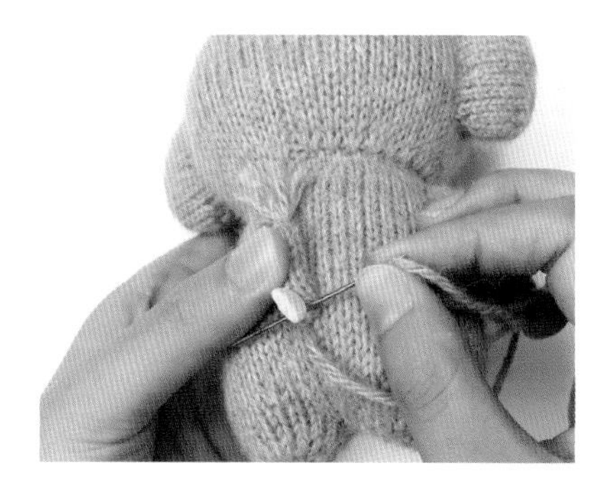

48. 将尾巴缝在玩偶背面下方的中心位置。

装饰面部

49. 起针行（第34行）往上数10行，从中心位置各往两侧数4针半的位置用水消笔或珠针标记眼睛的位置。

50. 把针从头的背面向眼睛的位置穿出。此时要注意针要从两针之间的缝隙穿出，不要打结并留出线尾。

51. 将眼睛纽扣穿过缝针。

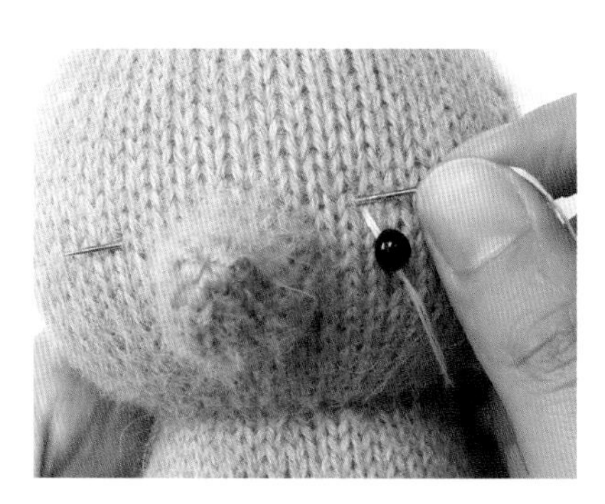

52. 将针从出针位置旁边插入后，从另一只眼睛的位置穿出。

53. 注意让眼睛的扣环可以进入两针之间的空隙。

54. 用针穿好另一只眼睛后，从刚刚留线尾的位置穿出。

55. 拉紧线尾，使眼睛嵌入脸部，打几次结。

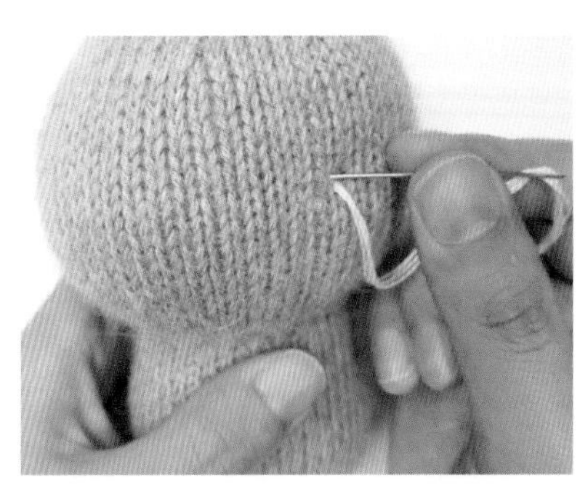

56. 将针插入打结的位置，再从远处位置穿出。

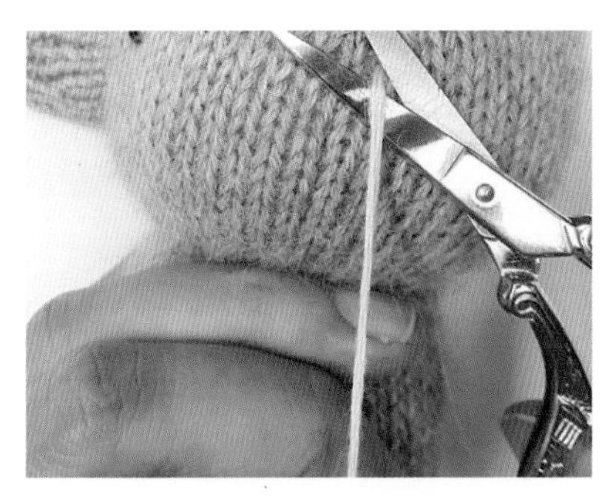

57. 拉紧，把结藏入玩偶内部，断线。

58. 用水消笔在眼睛上方2~3行的位置画出眉毛，用深褐色线直线绣（参考212页）绣好眉毛。

59. 用布艺彩色铅笔或布艺墨水涂腮红。

60. 在披肩扣眼的位置上缝好扣子。

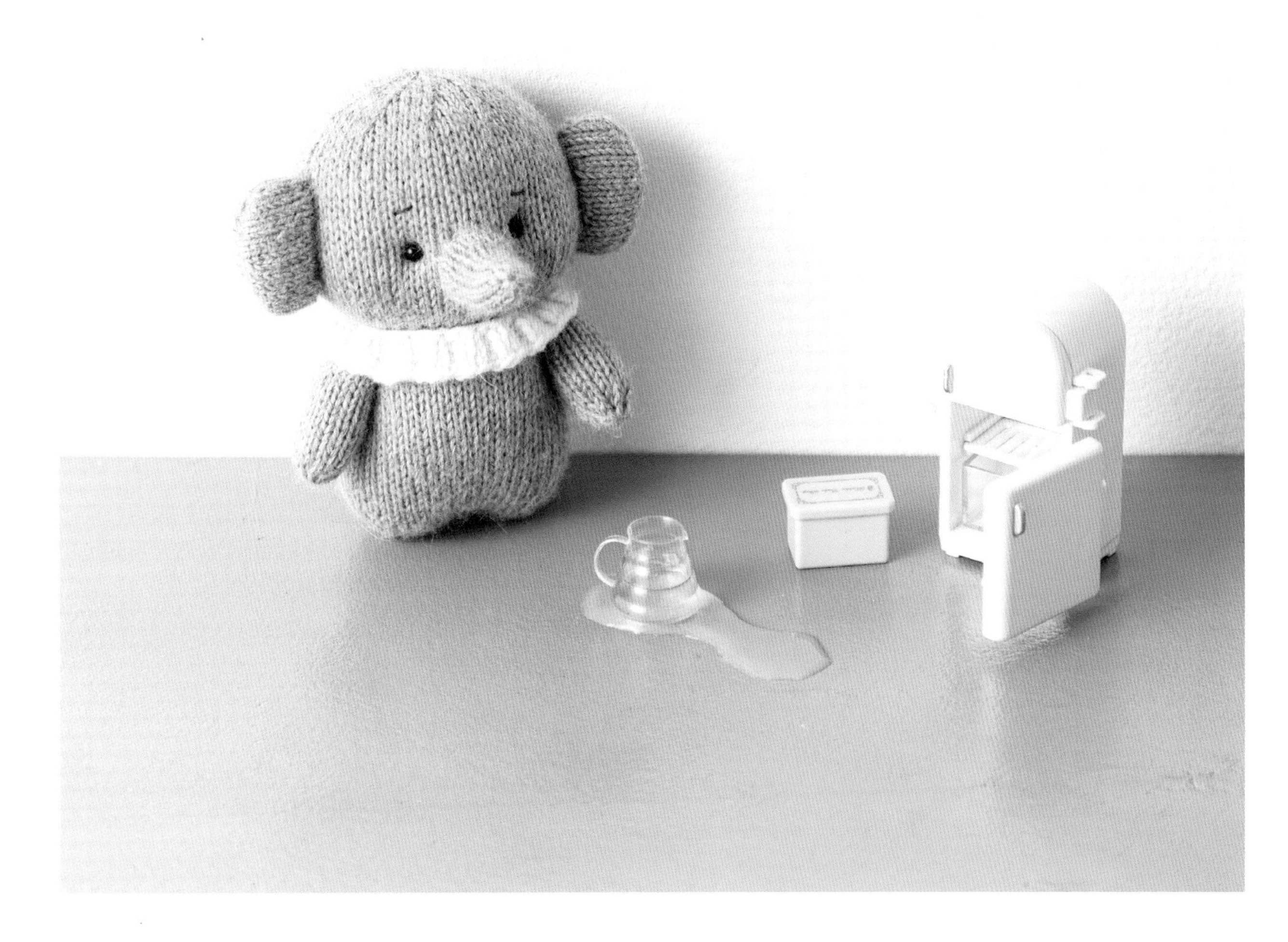

02

兔子秀秀

× × × × ×

兔子秀秀有一对可爱的耳朵和一个圆圆的尾巴，

是一个非常害羞的小朋友。

秀秀的家里有一大片胡萝卜地，

每年秋天到来的时候，它都会带着田里长出的胡萝卜和丛林中的朋友们开派对。

预览

准备材料

大小：15cm

☑ **兔子**

线：婴羊驼毛 DK（Michell Baby Alpaca Indiecita DK），象牙白色

针：2.5mm棒针

密度：平针编织 31针×39行（10cm×10cm）

☑ **披肩**

线：安哥拉山羊毛/马海毛（Super Angora），粉色

针：3mm棒针

密度：双罗纹编织 26针×36行（10cm×10cm）

☑ **胡萝卜、篮子**

线：Vincent 3p，橘黄色、绿色、深米色、深褐色

针：2.5mm棒针

其他：6mm玩偶眼睛、毛线缝针、棉花、刺绣线（大红色）、防解别针、记号扣、气消笔（或水消笔）、布艺彩色铅笔（或布艺墨水）、披肩上的扣子（6mm）、绒球制作器、珠针、钳子、棉芯

工具和针法：参考第187~216页

编织说明使用方法

- 同一行中重复针法用“【 】×次”表示。
- 有配色的部分用与线颜色相近的文字标记。

编织图使用方法

- 编织图用符号表示正面花形，编织时正面按照符号编织，反面则应编织与符号相反的针法。
- 编织图两侧的箭头表示行针方向，数字表示行数和针数。
- 需要使用记号扣的位置请参考编织说明。

编织说明 PATTERN ×××××

右腿

*用象牙白色线起12针

第1行：上针12针；（共12针）

第2行：下针1针，下针1针放2针的加针10次，下针1针；（共22针）

第3~5行：平针编织3行；（共22针）

• 在第5行的第1针和第2针之间、第21针和第22针之间用记号扣或其他颜色的线标记**

• 断线，将织物移动到防解别针或其他针上

左腿

• 重复右腿部分的*到**

• 不断线，保持原状

身体

• 连接双腿：织完左腿继续织右腿

第6行：在左腿第22针的位置织下针20针，右上2针并1针，继续织刚刚转移到其他针上的右腿，左上2针并1针，下针20针；（共42针）

第7行：上针1行；（共42针）

第8行：下针1针，【下针3针，下针1针放2针的加针】10次，下针1针；（共52针）

第9~23行：平针编织15行；（共52针）

第24行：下针12针，右上2针并1针，左上2针并1针，下针20针，右上2针并1针，左上2针并1针，下针12针；（共48针）

第25~27行：平针编织3行；（共48针）

第28行：下针11针，右上2针并1针，左上2针并1针，下针18针，右上2针并1针，左上2针并1针，下针11针；（共44针）

第29~31行：平针编织3行；（共44针）

第32行：【下针2针，左上2针并1针】2次，下针2针，右上2针并1针，左上2针并1针，下针3针，左上2针并1针，【下针2针，左上2针并1针】2次，下针3针，右上2针并1针，左上2针并1针，【下针2针，左上2针并1针】2次，下针2针；（共33针）

第33行：上针1行；（共33针）

脸

第34行：下针1针，【下针1针放2针的加针】31次，下针1针；（共64针）

第35~44行：平针编织10行；（共64针）

• 在第44行的中间位置（第32针和第33针之间）挂上记号扣或其他颜色的线进行标记

第45~49行：平针编织5行；（共64针）

第50行：下针15针，右上2针并1针，左上2针并1针，下针26针，右上2针并1针，左上2针并1针，下针15针；（共60针）

• 在第50行的第16针和第17针之间、第44针和第45针之间挂上记号扣

第51~53行：平针编织3行；（共60针）

第54行：下针14针，右上2针并1针，左上2针并1针，下针24针，右上2针并1针，左上2针并1针，下针14针；（共56针）

第55~57行：平针编织3行；（共56针）

第58行：下针1针，【下针4针，左上2针并1针】9次，下针1针；（共47针）

第59行：上针1行；（共47针）

第60行：下针1针，【下针3针，左上2针并1针】9次，下针1针；（共38针）

第61行：上针1行；（共38针）

第62行：下针1针，【下针2针，左上2针并1针】9次，下针1针；（共29针）

第63行：上针1行；（共29针）

第64行：下针1针，【下针1针，左上2针并1针】9次，下针1针；（共20针）

第65行：上针1行；（共20针）

第66行：下针1针，【左上2针并1针】9次，下针1针；（共11针）

• 捆绑收针

胳膊（2片）

• 用象牙白色线起8针

第1行：上针1行；（共8针）

第2行：下针1针，向右扭针加针，下针6针，向左扭针加针，下针1针；（共10针）

第3行：上针1行；（共10针）

第4行：下针1针，向右扭针加针，下针8针，向左扭针加针，下针1针；（共12针）

第5行：上针1行；（共12针）

第6行:【下针1针,向右扭针加针】2次,下针8针,【向左扭针加针,下针1针】2次;(共16针)

• 在第6行的第1针和第2针之间、最后一针和倒数第二针之间用记号扣或其他颜色的线标记

第7~17行:平针编织11行;(共16针)

第18行:下针1针,【左上2针并1针】7次,下针1针;(共9针)

• 捆绑收针

耳朵(2片)

• 用象牙白色线起16针

第1~13行:上针起头,平针编织13行;(共16针)

第14行:下针1针,【左上2针并1针】7次,下针1针;(共9针)

• 捆绑收针

披肩

• 用3mm棒针和象牙白色线起78针

第1行:【上针2针,下针2针】19次,上针2针;(共78针)

第2行:【下针2针,上针2针】19次,下针2针;(共78针)

第3行:上针1针,空针,左上2针并1针,下针1针,【上针2针,下针2针】18次,上针2针;(共78针)

• 一边左上2针并1针一边收针

胡萝卜

• 用橘黄色线起10针

第1行:上针1行;(共10针)

第2行:下针1针,【下针1针放2针的加针】8次,下针1针;(共18针)

第3~9行:平针编织7行;(共18针)

第10行:【下针2针,左上2针并1针】4次,下针2针;(共14针)

第11~15行:平针编织5行;(共14针)

第16行:【下针1针,左上2针并1针】4次,下针2针;(共10针)

第17行:上针1行;(共10针)

第18针:下针1针,【左上2针并1针】4次,下针1针;(共6针)

• 捆绑收针

篮子

• 用深米色线起12针并进行环状编织

环状编织第1行:下针1行;(共12针)

环状编织第2行:【下针1针放2针的加针】12次;(共24针)

环状编织第3行:下针1行;(共24针)

环状编织第4行:【下针1针,下针1针放2针的加针】12次;(共36针)

环状编织第5行:下针1行;(共36针)

环状编织第6行:【下针2针,下针1针放2针的加针】12次;(共48针)

环状编织第7行:下针1行;(共48针)

环状编织第8行:【下针3针,下针1针放2针的加针】12次;(共60针)

环状编织第9~10行:下针2行;(共60针)

环状编织第11行:上针1行;(共60针)

环状编织第12行:下针1行;(共60针)

环状编织第13~20行:重复4次环状编织第11~12行;(共60针)

环状编织第21行:上针1行;(共60针)

• 换成深褐色线

环状编织第22~25行:下针4行;(共60针)

• 下针收针

篮子的提手

• 用深褐色线起36针

第1~2行:下针2行;(共36针)

• 下针收针

编织图 ×××××

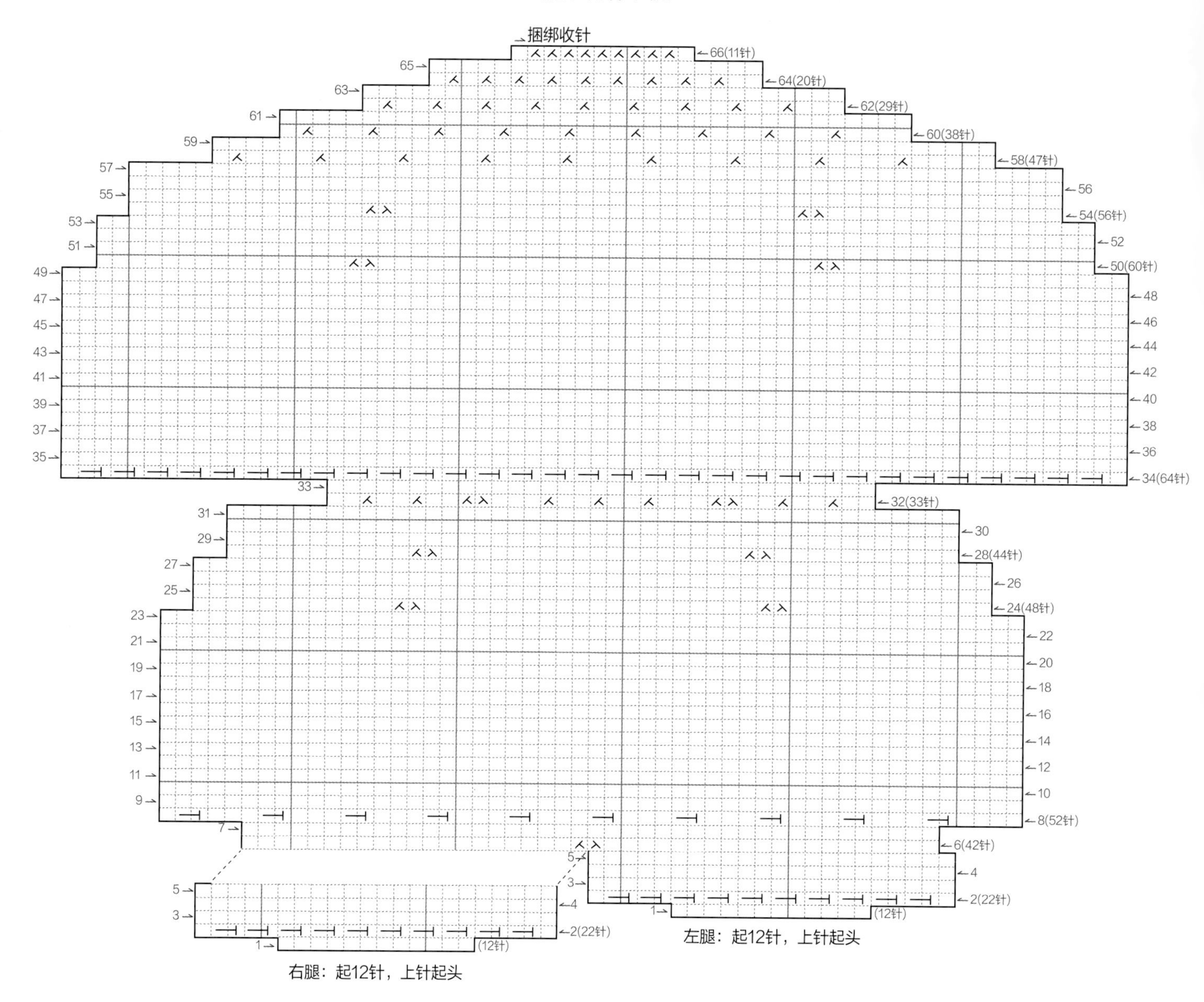

下针 (K)
上针 (P)
下针1针放2针的加针 (kfb)
上针1针放2针的加针 (pfb)
向左扭针加针 (M1L)
向右扭针加针 (M1R)
下针左上2针并1针 (k2tog)
上针左上2针并1针 (p2tog)
下针右上2针并1针 (skpo)
收针 (cast off, bind off)
空针 (Yo)

篮子的提手

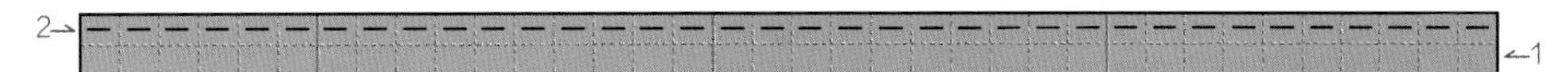

起36针，下针起头

篮子

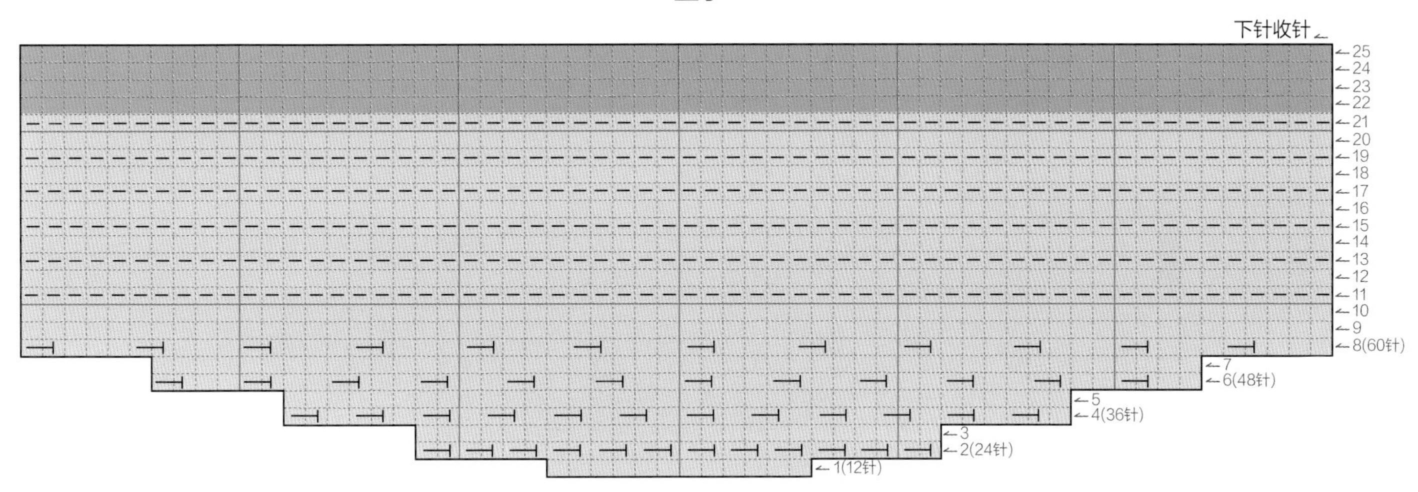

起12针，下针起头并进行环状编织

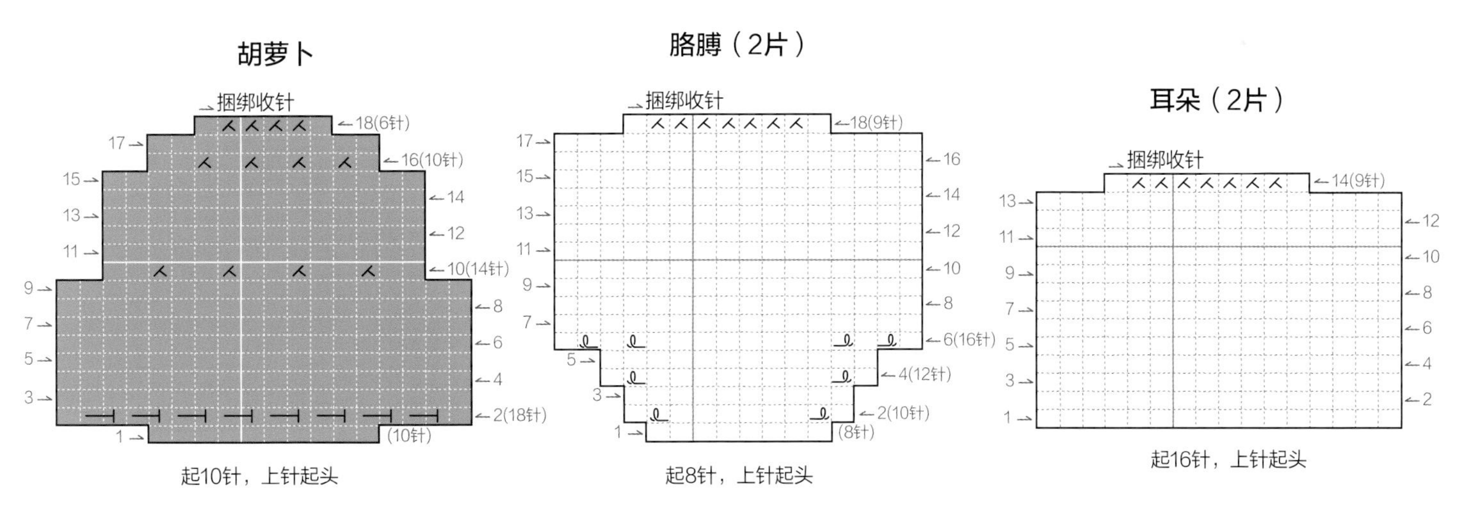

披肩

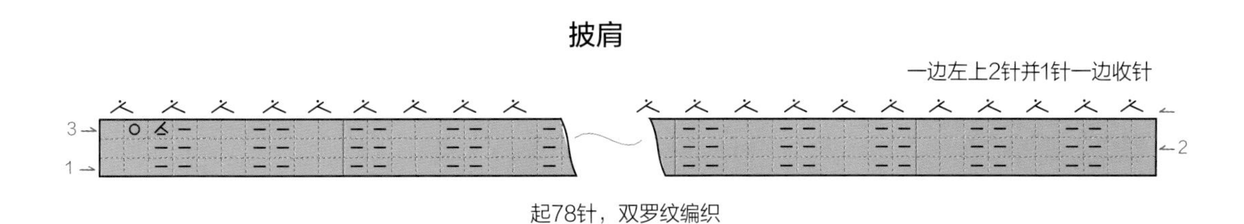

起78针，双罗纹编织

组装耳朵

1. 从捆绑收针的位置开始缝合至起始行，放入棉花并做成扁扁的形状。

※ 基础款身体的缝合请参考第16～19页

2. 用珠针将两个耳朵固定在头顶捆绑收针的位置上，用水消笔描边画出缝合线。

3. 将耳朵最下面一行按照水消笔画出的缝合线与头缝合。注意拉紧线以隐藏缝合痕迹。

绣五官

4. 用水消笔在脸上画出五官的位置，鼻子位于第44行记号扣所在的位置。眼睛位于记号扣往左右两边各数4针的位置。

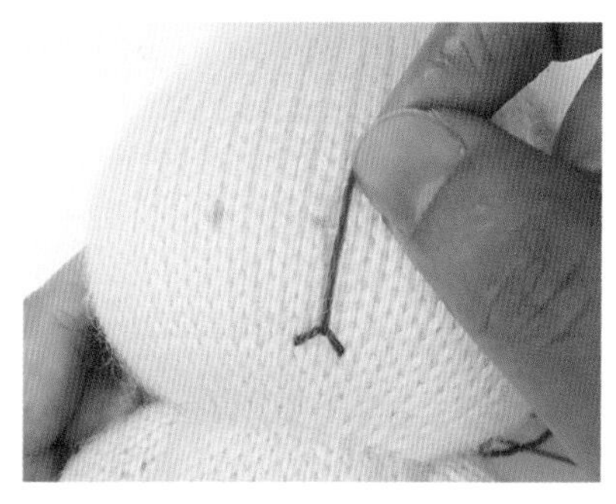

5. 用飞鸟绣（参考第214页）绣一个倒过来的Y字，绣出鼻子和嘴巴。

6. 在鼻子的位置用直线绣（参考第212页）反复绣4～6次绣出鼻子的厚度。

7. 用布艺彩色铅笔或布艺墨水为玩偶涂好腮红。

制作并组装尾巴

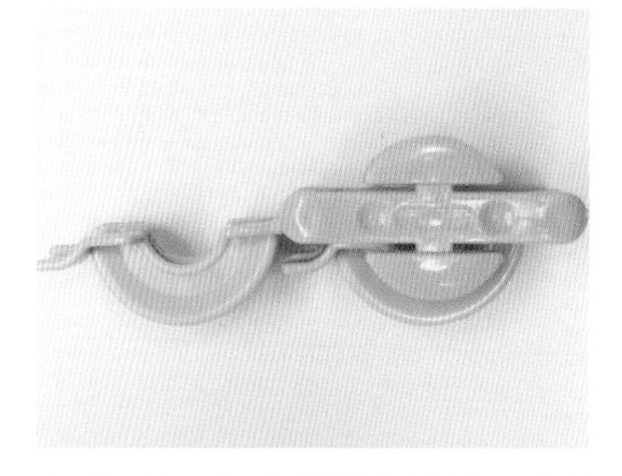

8. 使用绒球制作器制作尾巴，绒球制作器两边各有2个半圆，总共4个半圆，将线缠在其中一边的两个半圆上。

9. 将线缠好后合上。

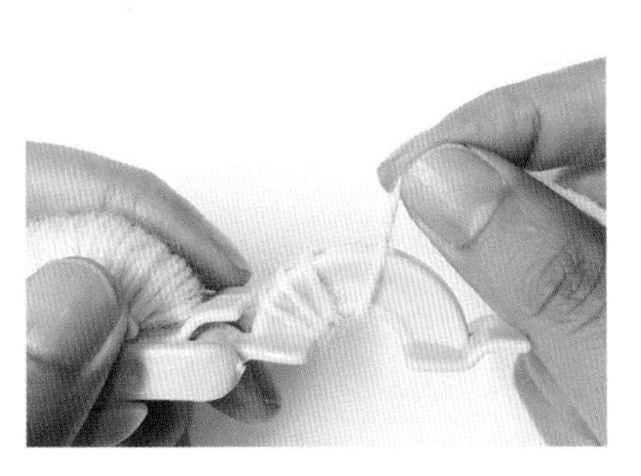

10. 将线缠在另一边的两个半圆上后合上。

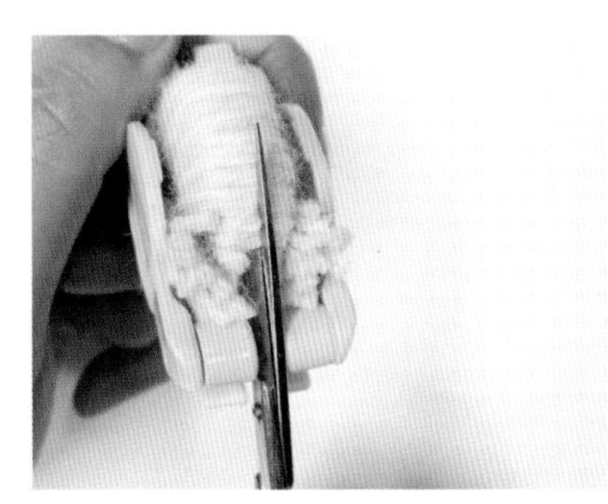

11. 用剪子在中间将缠好的线剪断。

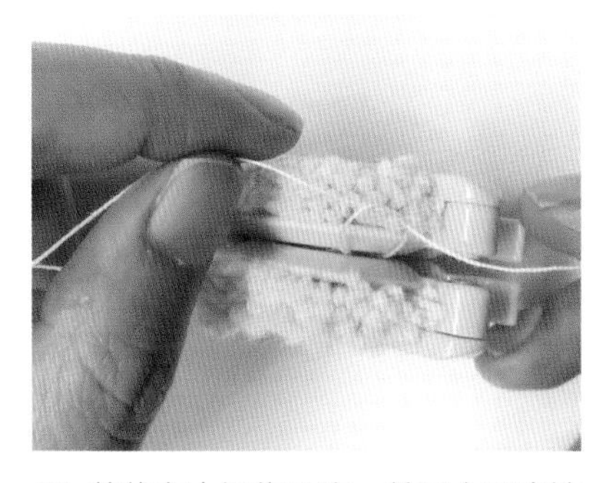

12. 将线在中间绕几次，并最大限度地拉紧后打结。

13. 将绒球制作器取下，整理毛球即可完成。注意刚刚打结的线端在连接身体时需要使用，所以不要剪断。

14. 将尾巴缝合在玩偶背面下部的中心位置上。

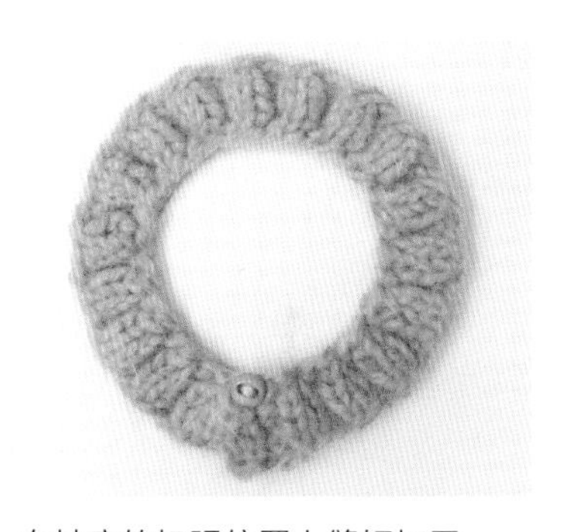

15. 在披肩的扣眼位置上缝好扣子。

制作篮子

16. 用缝针将起始行沿一个方向（由内向外或由外向内）收紧缝合。

17. 拉紧线收尾。

18. 将棉芯按照篮子底的大小剪成直径4.5cm的圆形，并在上面薄涂一层木工胶。

19. 将其粘在篮子底的内侧，按住棉芯直到胶干为止。

20. 将篮子把手的位置标记好，两个点要对称。

21. 将把手缝合，注意从篮子外侧要看不出缝合的痕迹。

制作胡萝卜

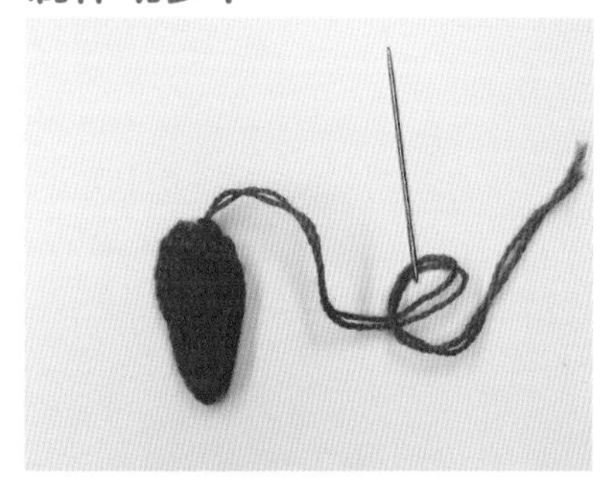

22. 从捆绑收针的位置开始缝合，并用钳子填充棉花。

23. 剪几段绿色线，打结系在一起。

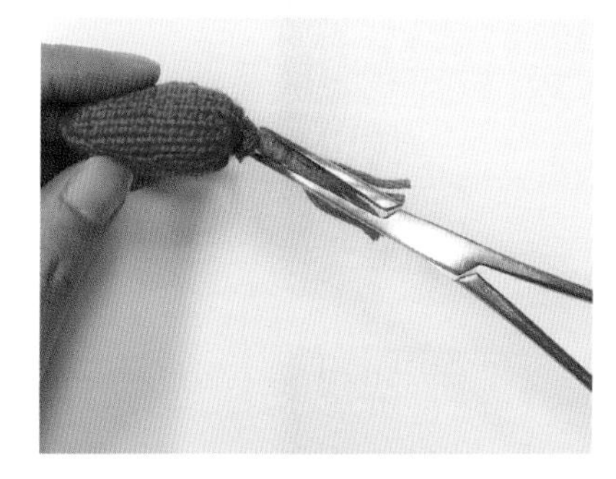

24. 用钳子把结放入胡萝卜中。

25. 用缝针将起始行沿由内向外的方向收紧缝合，注意最后一定要拉紧。

26. 用针将线挑散。

03

小狗宝利

× × × × ×

活泼不认生的宝利活力十足，
和任何人都能成为好朋友。
不过因为总是跑来跑去偶尔会受伤。

预览

准备材料

大小：15cm

☑ **小狗**

线：婴羊驼毛 DK（King cole Baby Alpaca DK），象牙白色、褐色、深褐色

针：2.5mm棒针

密度：平针编织 31针×39行（10cm×10cm）

☑ **披肩**

线：Phildar Phil Soft，黄色

针：3mm棒针

密度：双罗纹编织 26针×36行（10cm×10cm）

其他：6mm玩偶眼睛、毛线缝针、棉花、刺绣线（深褐色）、防解别针、记号扣、气消笔（或水消笔）、布艺彩色铅笔（或布艺墨水）、披肩上的扣子（6mm）、珠针、钳子

工具和针法：参考第187~216页

编织说明使用方法

- 同一行中重复针法用“【 】×次”表示。
- 有配色的部分用与线颜色相近的文字标记。

编织图使用方法

- 编织图用符号表示正面花形，编织时正面按照符号编织，反面则应编织与符号相反的针法。
- 编织图两侧的箭头表示行针方向，数字表示行数和针数。
- 需要使用记号扣的位置请参考编织说明。

编织说明 PATTERN ×××××

右腿

*用褐色线起12针

第1行：上针12针；（共12针）

第2行：下针1针，下针1针放2针的加针10次，下针1针；（共22针）

第3~5行：平针编织3行；（共22针）

• 在第5行的第1针和第2针之间、第21针和第22针之间用记号扣或其他颜色的线标记**

• 断线，将织物移动到防解别针或其他针上

左腿

• 重复右腿部分的*到**

• 不断线，保持原状

身体

• 连接双腿：织完左腿继续织右腿

第6行：在左腿第22针的位置织下针20针，右上2针并1针，继续织刚刚放在其他针上的右腿，左上2针并1针，下针20针；（共42针）

第7行：上针1行；（共42针）

第8行：下针1针，【下针3针，下针1针放2针的加针】10次，下针1针；（共52针）

第9~23行：平针编织15行；（共52针）

第24行：下针12针，右上2针并1针，左上2针并1针，下针20针，右上2针并1针，左上2针并1针，下针12针；（共48针）

第25~27行：平针编织3行；（共48针）

第28行：下针11针，右上2针并1针，左上2针并1针，下针18针，右上2针并1针，左上2针并1针，下针11针；（共44针）

第29~31行：平针编织3行；（共44针）

第32行：【下针2针，左上2针并1针】2次，下针2针，右上2针并1针，左上2针并1针，下针3针，左上2针并1针，【下针2针，左上2针并1针】2次，下针3针，右上2针并1针，左上2针并1针，【下针2针，左上2针并1针】2次，下针2针；（共33针）

• 从第33行到第43行要用褐色线和象牙白色线进行配色

• 褐色线用（褐）、象牙白色线用（白）进行标记

第33行：（褐）上针11针，（白）上针11针，（褐）上针11针；（共33针）

脸

第34行：（褐）下针1针，（白）【下针1针放2针的加针】10次，（褐）【下针1针放2针的加针】11次，（白）【下针1针放2针的加针】10次，（褐）下1针；（共64针）

第35行：（褐）上针21针，（白）上针22针，（褐）上针21针；（共64针）

第36行：（褐）下针21针，（白）下针22针，（褐）下针21针；（共64针）

第37行：（褐）上针21针，（白）上针22针，（褐）上针21针；（共64针）

第38行：（褐）下针21针，（白）下针22针，（褐）下针21针；（共64针）

第39行：（褐）上针22针，（白）上针20针，（褐）上针22针；（共64针）

第40行：（褐）下针23针，（白）下针18针，（褐）下针23针；（共64针）

第41行：（褐）上针24针，（白）上针16针，（褐）上针24针；（共64针）

第42行：（褐）下针25针，（白）下针14针，（褐）下针25针；（共64针）

第43行：（褐）上针26针，（白）上针12针，（褐）上针26针；（共64针）

• 剪断象牙白色线，只用褐色线织

第44~49行：平针编织6行；（共64针）

第50行：下针15针，右上2针并1针，左上2针并1针，下针26针，右上2针并1针，左上2针并1针，下针15针；（共60针）

第51~53行：平针编织3行；（共60针）

第54行：下针14针，右上2针并1针，左上2针并1针，下针24针，右上2针并1针，左上2针并1针，下针14针；（共56针）

第55~57行：平针编织3行；（共56针）

第58行：下针1针，【下针4针，左上2针并1针】9次，下针1针；（共47针）

第59行：上针1行；（共47针）

第60行：下针1针，【下针3针，左上2针并1针】9次，下针1针；（共38针）

第61行：上针1行；（共38针）

第62行：下针1针，【下针2针，左上2针并1针】9次，下针1针；（共29针）

第63行：上针1行；（共29针）

第64行：下针1针，【下针1针，左上2针并1针】9次，下针1针；（共20针）

第65行：上针1行；（共20针）

第66行：下针1针，【左上2针并1针】9次，下针1针；（共11针）

• 捆绑收针

胳膊（2片）

• 用褐色线起8针

第1行：上针1行；（共8针）

第2行：下针1针，向右扭针加针，下针6针，向左扭针加针，下针1针；（共10针）

第3行：上针1行；（共10针）

第4行：下针1针，向右扭针加针，下针8针，向左扭针加针，下针1针；（共12针）

第5行：上针1行；（共12针）

第6行：【下针1针，向右扭针加针】2次，下针8针，【向左扭针加针，下针1针】2次；（共16针）

• 在第6行的第1针和第2针之间、最后一针和倒数第二针之间用记号扣或其他颜色的线标记

第7~14行：平针编织8行；（共16针）

• 换象牙白色线

第15~17行：平针编织3行；（共16针）

第18行：下针1针，【左上2针并1针】7次，下针1针；（共9针）

• 捆绑收针

耳朵（4片）

• 用褐色线起9针

第1行：上针1行；（共9针）

第2行：下针1针，下针1针放2针的加针，下针2针，下针1针放2针的加针，下针2针，下针1针放2针的加针，下针1针；（共12针）

第3行：上针1行；（共12针）

第4行：下针1针，下针1针放2针的加针，下针3针，下针1针放2针的加针，下针3针，下针1针放2针的加针，下针2针；（共15针）

第5~11行：平针编织7行；（共15针）

第12行：下针1针，左上2针并1针，下针9针，右上2针并1针，下针1针；（共13针）

第13行：上针1行；（共13针）

第14行：下针1针，左上2针并1针，下针7针，右上2针并1针，下针1针；（共11针）

第15行：上针1行；（共11针）

第16行：下针1针，左上2针并1针，下针5针，右上2针并1针，下针1针；（共9针）

• 上针收针

尾巴

• 用褐色线起12针

第1~3行：上针起头，平针编织3行；（共12针）

第4行：下针1针，【左上2针并1针，下针2针】2次，左上2针并1针，下针1针；（共9针）

第5~9行：平针编织5行；（共9针）

第10行：下针1针，左上2针并1针，下针2针，左上2针并1针，下针2针；（共7针）

第11行：上针1行；（共7针）

• 捆绑收针

披肩

• 用3mm棒针和象牙白色线起78针

第1行：【上针2针，下针2针】19次，上针2针；（共78针）

第2行：【下针2针，上针2针】19次，下针2针；（共78针）

第3行：上针1针，空针，左上2针并1针，下针1针，【上针2针，下针2针】18次，上针2针；（共78针）

• 一边左上2针并1针一边收针

编织图 ×××××

腿、身体、脸

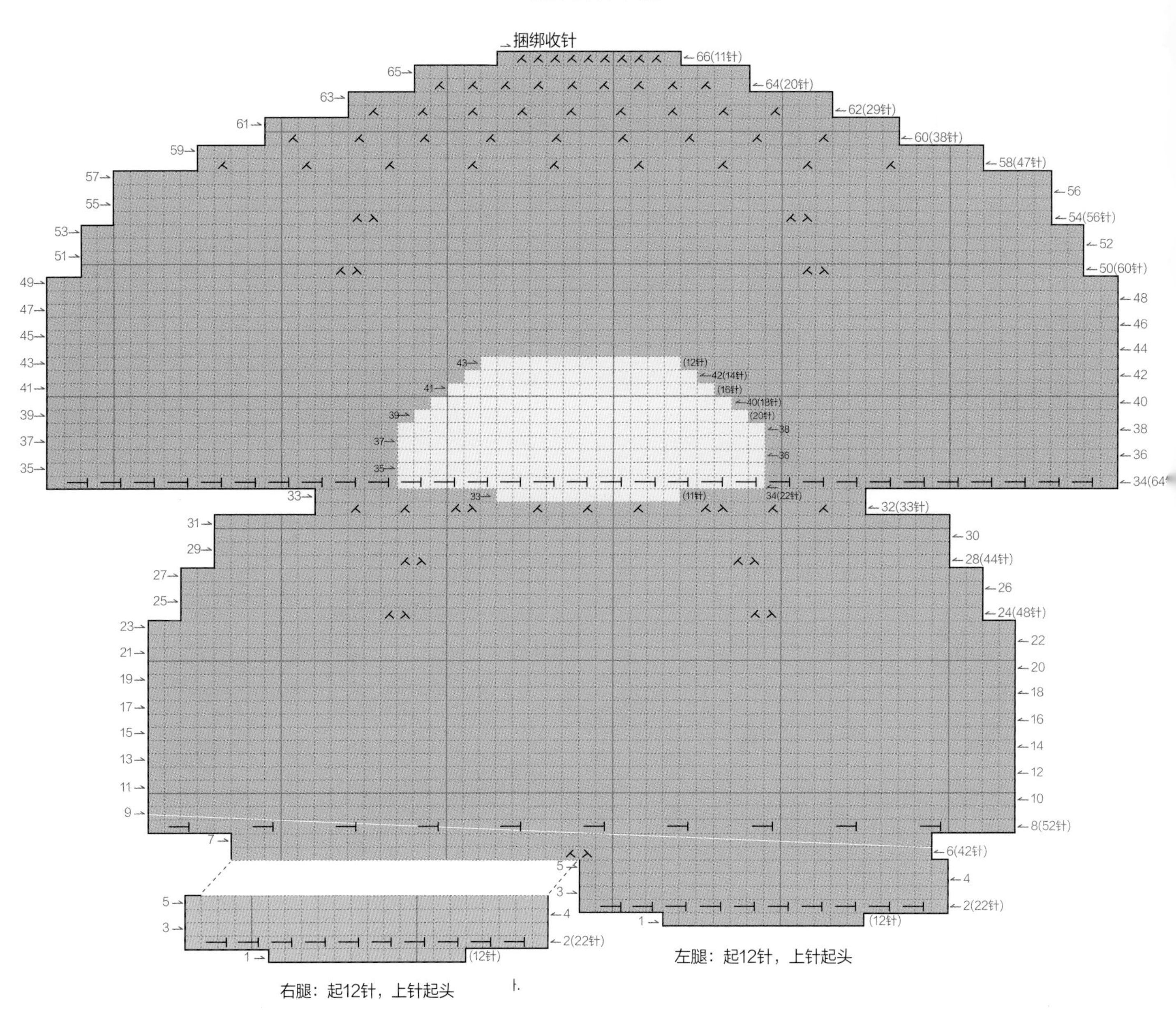

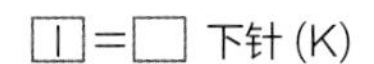 下针 (K)

上针 (P)

下针1针放2针的加针 (kfb)

上针1针放2针的加针 (pfb)

向左扭针加针 (M1L)

向右扭针加针 (M1R)

下针左上2针并1针 (k2tog)

上针左上2针并1针 (p2tog)

下针右上2针并1针 (skpo)

收针 (cast off, bind off)

空针 (Yo)

耳朵（4片）

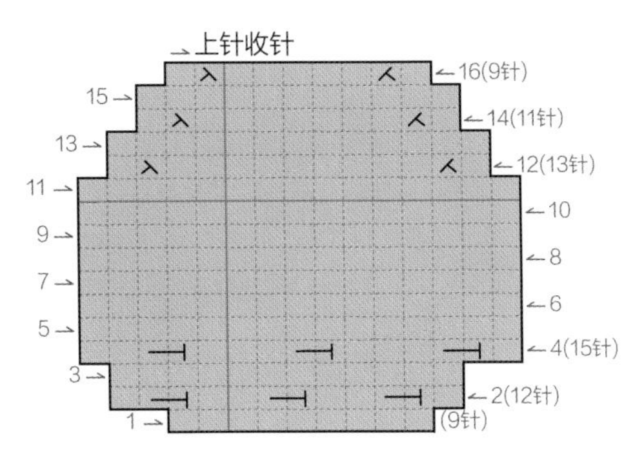

起9针，上针起头

尾巴

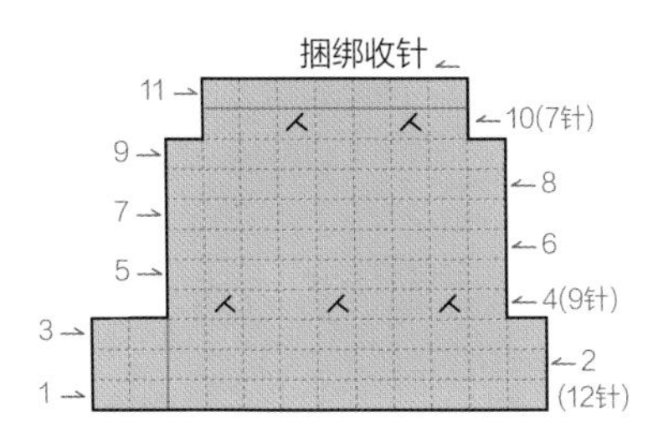

起12针，上针起头

胳膊（2片）

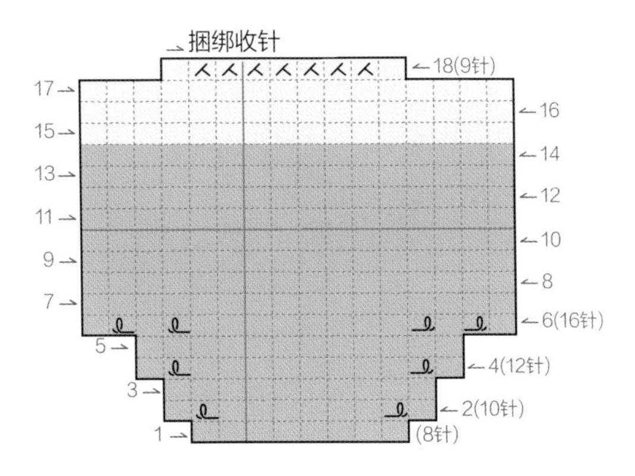

起8针，上针起头

披肩

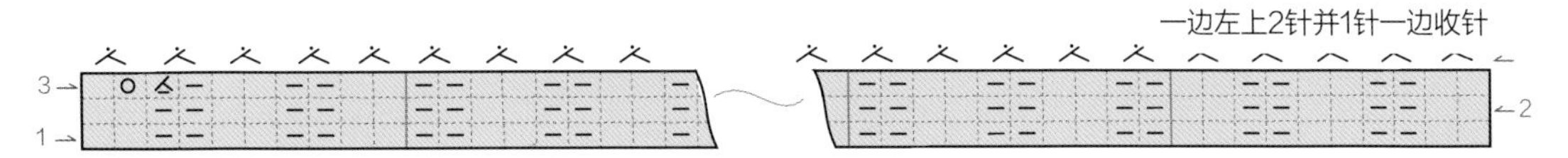

起78针，双罗纹编织

绣五官

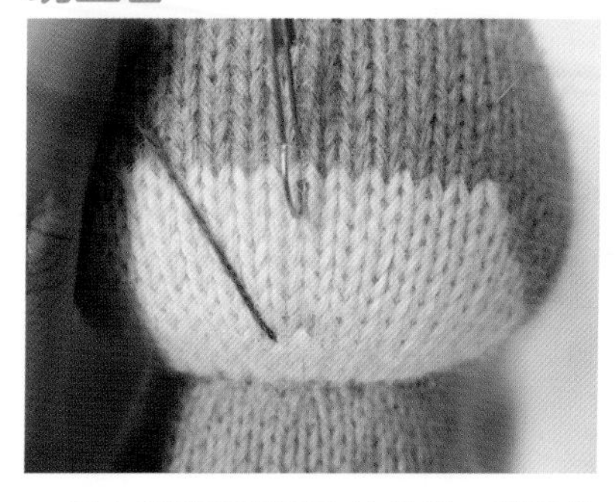

1. 用水消笔画出五官的位置，嘴巴位于脸开始加针的行，鼻子位于第43行的中心，眼睛位于第43行和第44行之间从中心向左右两边各数4针的位置上（双眼间隔8针）。

※基础款身体的缝合请参考第16~19页。

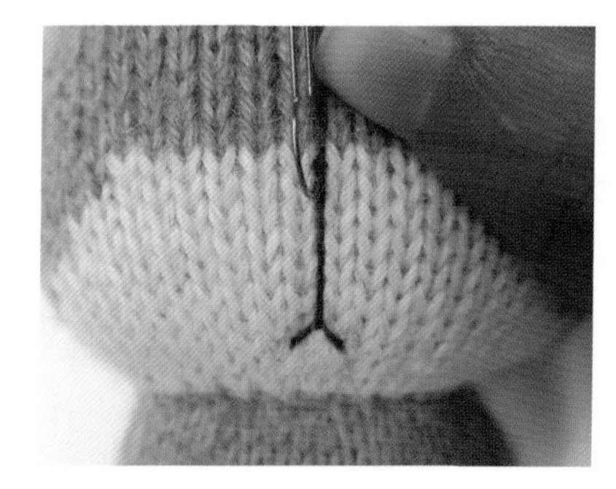

2. 用飞鸟绣（参考第214页）绣一个倒过来的Y字形作为嘴巴。

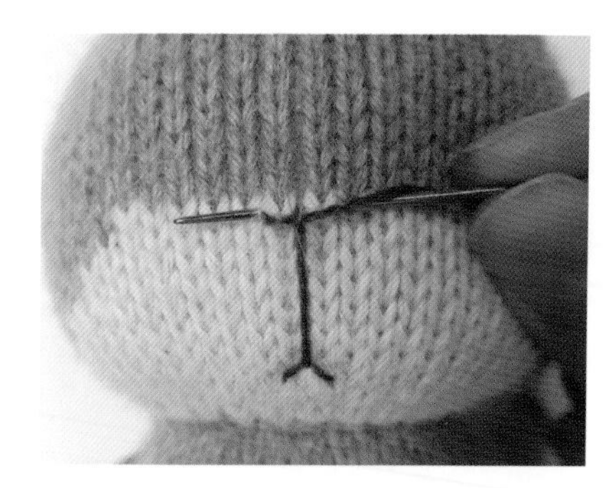

3. 在鼻子的位置用直线绣（参考第212页）反复绣4～6次绣出鼻子的厚度。

4. 缝好眼睛后，用布艺彩色铅笔或布艺墨水涂上腮红。

组装耳朵

5. 将两片耳朵的反面相对，对齐后将一侧用线从起针行缝合至收针行。

6. 在耳朵的上面进行平针缝合，因为此时会产生新的一行所以要注意不要把线拉得太紧。

7. 将另一侧用线从收针行缝合至起针行，并用钳子填充棉花。

8. 用水消笔在脸两侧减针的位置（第50～54行减针的位置）画一个宽度为5针的椭圆。

9. 将耳朵的上边缝合在脸上。

组装尾巴

10. 拿起耳朵并根据刚刚用水消笔画的缝合线在耳朵上画出对称的缝合线，并按照缝合线缝合。

11. 从捆绑收针的位置缝合至起始行。

12. 将尾巴缝合在玩偶背面下部的中心位置上。

04

小猫塔拉

× × × × ×

塔拉非常喜欢毛线，所以对编织产生了兴趣，
和朋友们聊天的时候也会不停编织。
它给最好的朋友荷莉送上了自己亲手织的围巾，
两人一起冰钓时荷莉会系上塔拉织的围巾。

准备材料

大小：15cm

☑ 猫咪

线：婴羊驼毛 DK（King cole Baby Alpaca DK），炭黑色、象牙白色

针：2.5mm棒针

密度：平针编织 31针×39行（10cm×10cm）

☑ 披肩

线：Phildar Phil Soft，粉色

针：3mm棒针

密度：双罗纹编织 26针×36行（10cm×10cm）

☑ 篮子

线：Vincent 3p，深米色、深褐色

针：2.5mm棒针

其他：6mm玩偶眼睛、毛线缝针、棉花、刺绣线（大红色）、防解别针、记号扣、气消笔（或水消笔）、布艺彩色铅笔（或布艺墨水）、披肩上的扣子（6mm）、珠针、钳子、棉芯

工具和针法：参考第187~216页

编织说明使用方法

- 同一行中重复针法用“【 】×次”表示。
- 有配色的部分用与线颜色相近的文字标记。

编织图使用方法

- 编织图用符号表示正面花形，编织时正面按照符号编织，反面则应编织与符号相反的针法。
- 编织图两侧的箭头表示行针方向，数字表示行数和针数。
- 需要使用记号扣的位置请参考编织说明。

编织说明 PATTERN ×××××

右腿

*用象牙白线起12针

第1行：上针12针；（共12针）

第2行：下针1针，【下针1针放2针的加针】10次，下针1针；（共22针）

第3~4行：平针编织2行；（共22针）

• 换炭黑色线

第5行：上针1行；（共22针）

• 在第5行的第1针和第2针之间、第21针和第22针之间用记号扣或其他颜色的线标记**

• 断线，将织物移动到防解别针或其他针上

左腿

• 重复右腿部分的*到**

• 不断线，保持原状

身体

• 连接双腿：织完左腿继续织右腿

第6行：在左腿第22针的位置织下针20针，右上2针并1针，继续织刚刚放在其他针上的右腿，左上2针并1针，下针20针；（共42针）

第7行：上针1行；（共42针）

第8行：下针1针，【下针3针，下针1针放2针的加针】10次，下针1针；（共52针）

第9~20行：平针编织12行；（共52针）

• 从第33行到第43行要用象牙白色线和炭黑色线进行配色

• 象牙白色线用（白）、炭黑色线用（黑）进行标记

第21行：（黑）上针23针，（白）上针6针，（黑）上针23针；（共52针）

第22行：（黑）下针22针，（白）下针8针，（黑）下针22针；（共52针）

第23行：（黑）上针21针，（白）上针10针，（黑）上针21针；（共52针）

第24行：（黑）下针12针，（黑）右上2针并1针，（黑）左上2针并1针，（黑）下针5针，（白）下针10针，（黑）下针5针，（黑）右上2针并1针，（黑）左上2针并1针，（黑）下针12针；（共48针）

第25行：（黑）上针18针，（白）上针12针，（黑）上针18针；（共48针）

第26行：（黑）下针18针，（白）下针12针，（黑）下针18针；（共48针）

第27行：（黑）上针17针，（白）上针14针，（黑）上针17针；（共48针）

第28行：（黑）下针11针，（黑）右上2针并1针，（黑）左上2针并1针，（黑）下针2针，（白）下针14针，（黑）下针2针，（黑）右上2针并1针，（黑）左上2针并1针，（黑）下针11针；（共44针）

第29行：（黑）上针15针，（白）上针14针，（黑）上针15针；（共44针）

第30行：（黑）下针15针，（白）下针14针，（黑）下针15针；（共44针）

第31行：（黑）上针15针，（白）上针14针，（黑）上针15针；（共44针）

第32行：（黑）【下针2针，左上2针并1针】2次，（黑）下针2针，（黑）右上2针并1针，（黑）左上2针并1针，（黑）下针1针，（白）【下针2针，左上2针并1针】3次，（白）下针2针，（黑）下针1针，（黑）右上2针并1针，（黑）【左上2针并1针，下针2针】3次；（共33针）

第33行：（黑）上针11针，（白）上针11针，（黑）上针11针；（共33针）

脸

第34行：（黑）下针1针，（黑）【下针1针放2针的加针】10次，（白）【下针1针放2针的加针】11次，（黑）【下针1针放2针的加针】10次，（黑）下针1针；（共64针）

第35行：（黑）上针21针，（白）上针22针，（黑）上针21针；（共64针）

第36行：（黑）下针21针，（白）下针22针，（黑）下针21针；（共64针）

第37行：（黑）上针22针，（白）上针20针，（黑）上针22针；（共64针）

第38行：（黑）下针23针，（白）下针18针，（黑）下针23针；（共64针）

第39行：（黑）上针24针，（白）上针16针，（黑）上针24针；（共64针）

第40行：（黑）下针25针，（白）下针14针，（黑）下针25针；（共64针）

第41行：（黑）上针26针，（白）上针12针，（黑）上针26针；（共64针）

第42行：（黑）下针27针，（白）下针10针，（黑）下针27针；（共64针）

第43行：（黑）上针29针，（白）上针6针，（黑）上针29针；（共64针）

第44行：（黑）下针30针，（白）下针4针，（黑）下针30针；（共64针）

• 在第44行的中心（第32针和第33针之间）用记号扣标记

第45行：（黑）上针30针，（白）上针4针，（黑）上针30针；（共64针）

第46行：（黑）下针30针，（白）下针4针，（黑）下针30针；（共64针）

第47行：（黑）上针31针，（白）上针2针，（黑）上针31针；（共64针）

第48行：（黑）下针31针，（白）下针2针，（黑）下针31针；（共64针）

• 剪断象牙白色线，只用黑色线织

第49行：上针1行；（共64针）

第50行：下针15针，右上2针并1针，左上2针并1针，下针26针，右上2针并1针，左上2针并1针，下针15针；（共60针）

第51~53行：平针编织3行；（共60针）

第54行：下针14针，右上2针并1针，左上2针并1针，下针24针，右上2针并1针，左上2针并1针，下针14针；（共56针）

第55~57行：平针编织3行；（共56针）

第58行：下针1针，【下针4针，左上2针并1针】9次，下针1针；（共47针）

第59行：上针1行；（共47针）

第60行：下针1针，【下针3针，左上2针并1针】9次，下针1针；（共38针）

第61行：上针1行；（共38针）

第62行：下针1针，【下针2针，左上2针并1针】9次，下针1针；（共29针）

第63行：上针1行；（共29针）

第64行：下针1针，【下针1针，左上2针并1针】9次，下针1针；（共20针）

第65行：上针1行；（共20针）

第66行：下针1针，【左上2针并1针】9次，下针1针；（共11针）

• 捆绑收针后，留出可以用于缝合的长度并断线

胳膊（2片）

• 用炭黑色线起8针

第1行：上针1行；（共8针）

第2行：下针1针，向右扭针加针，下针6针，向左扭针加针，下针1针；（共10针）

第3行：上针1行；（共10针）

第4行：下针1针，向右扭针加针，下针8针，向左扭针加针，下针1针；（共12针）

第5行：上针1行；（共12针）

第6行：下针1针，向右扭针加针，【下针3针，向左扭针加针，下针2针】2次，向左扭针加针，下针1针；（共16针）

• 在第6行的第1针和第2针之间、最后一针和倒数第二针之间用记号扣或其他颜色的线标记

第7~14行：平针编织8行；（共16针）

• 换象牙白色线

第15~17行：平针编织3行；（共16针）

第18行：下针1针，【左上2针并1针】7次，下针1针；（共9针）

• 捆绑收针

耳朵（4片）

• 用炭黑色线起12针

第1~2行：下针起头，平针编织2行；（共12针）

第3行：下针1针，左上2针并1针，下针6针，右上2针并1针，下针1针；（共10针）

第4行：上针1行；（共10针）

第5行：下针1针，左上2针并1针，下针4针，右上2针并1针，下针1针；（共8针）

第6行：上针1行；（共8针）

第7行：下针1针，左上2针并1针，下针2针，右上2针并1针，下针1针；（共6针）

第8行：上针1行；（共6针）

第9行：下针1针，左上2针并1针，右上2针并1针，下针1针；（共4针）

• 捆绑收针

尾巴

• 用炭黑色线起13针

第1~3行：上针起头，平针编织3行；（共13针）

第4行：【下针2针，左上2针并1针】3次，下针1针；（共10针）

第5~18行：平针编织14行；（共10针）

• 换象牙白色线

第19行：上针1行；（共10针）

第20行：【下针1针，左上2针并1针】3次，下针1针；（共7针）

第21~23行：平针编织3行；（共7针）

• 捆绑收针

披肩

• 用3mm棒针和象牙白色线起78针

第1行：【上针2针，下针2针】19次，上针2针；（共78针）

第2行：【下针2针，上针2针】19次，下针2针；（共78针）

第3行：上针1针，空针，下针左上2针并1针，下针1针，【上针2针，下针2针】18次，上针2针；（共78针）

• 一边左上2针并1针一边收针

※ 篮子请参考第27～32页

编织图 ×××××

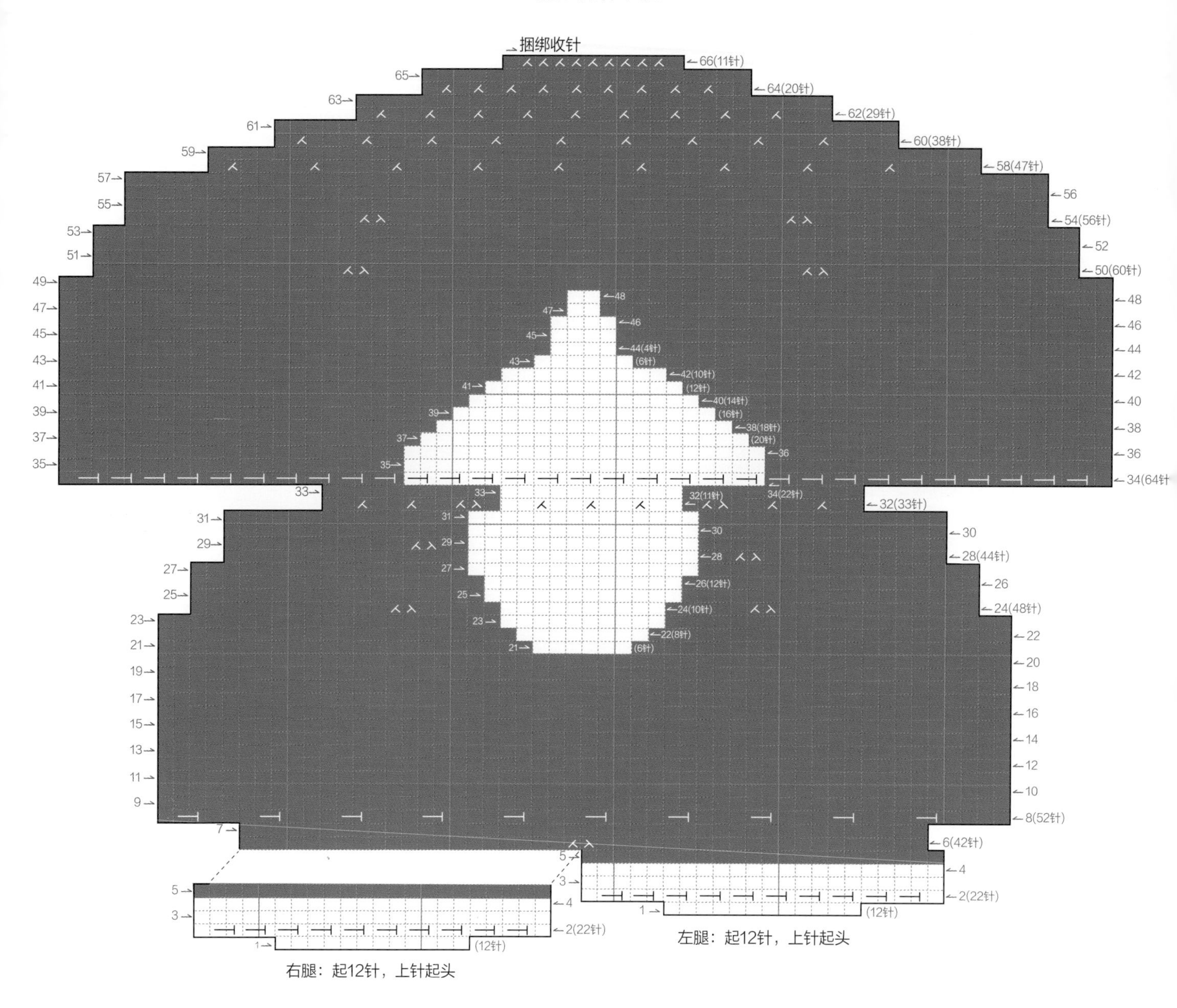

腿、身体、脸
捆绑收针
66(11针)
64(20针)
62(29针)
60(38针)
58(47针)
54(56针)
50(60针)
44(4针)
(6针)
42(10针)
(12针)
40(14针)
(16针)
38(18针)
(20针)
34(64针)
34(22针)
32(11针)
32(33针)
28(44针)
26(12针)
24(10针)
24(48针)
22(8针)
(6针)
8(52针)
6(42针)
2(22针)
(12针)
左腿：起12针，上针起头
右腿：起12针，上针起头

胳膊（2片）

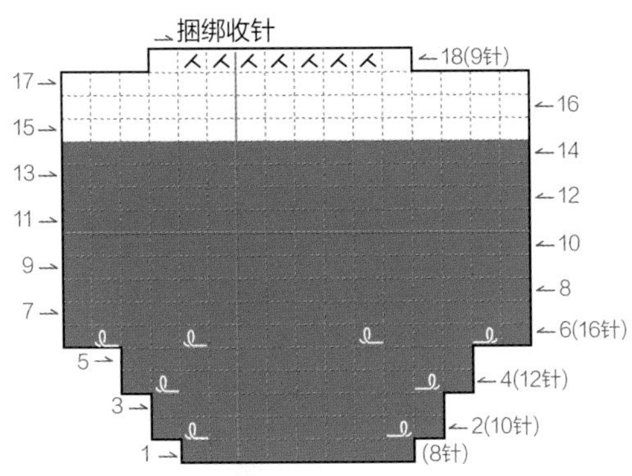

起8针，上针起头

耳朵（4片）

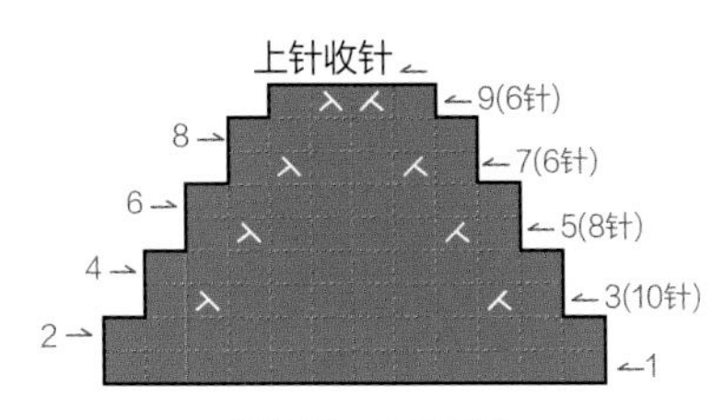

起12针，下针起头

尾巴

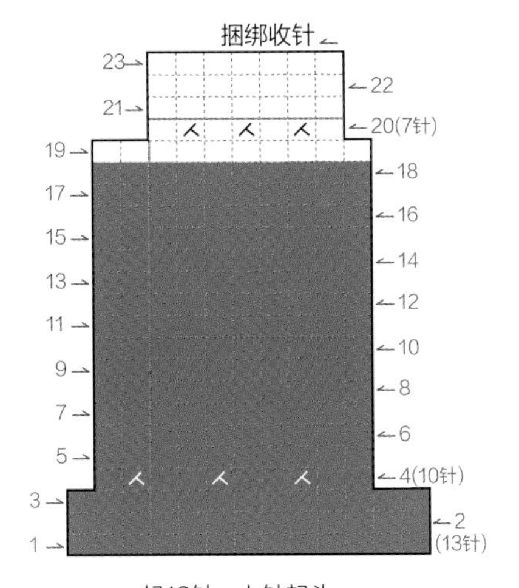

起13针，上针起头

- ⎕=□ 下针 (K)
- ⊟ 上针 (P)
- 下针1针放2针的加针 (kfb)
- 上针1针放2针的加针 (pfb)
- 下针向左扭针加针 (M1L)
- 上针向左扭针加针 (M1LP)
- 下针向右扭针加针 (M1R)
- 下针左上2针并1针 (k2tog)
- 上针左上2针并1针 (p2tog)
- 下针右上2针并1针 (skpo)
- 收针 (cast off, bind off)
- 空针 (Yo)

披肩

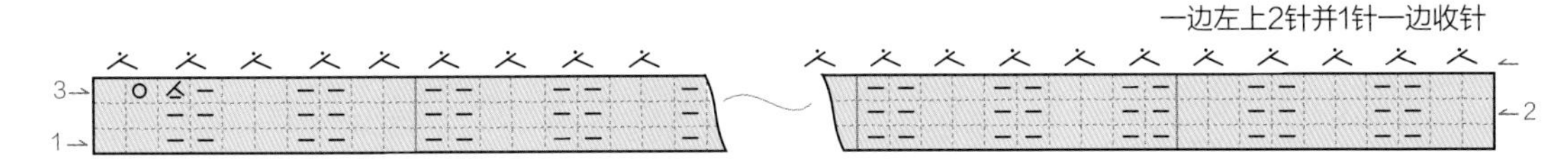

起78针，双罗纹编织

要点教学 POINT LESSON

组装耳朵

1. 将两片耳朵的反面对齐后，将侧边从起针行缝合至捆绑收针的位置。

※ 基础款身体请参考第16~19页

2. 将捆绑收针的位置再次捆绑收针在一起。

3. 继续缝合至起始行。

4. 完成一个耳朵，另一个用同样的方法制作。

5. 用珠针将耳朵的下边中心固定在脸两侧减针的位置（第50行减针的位置）的上一行。

6. 将耳朵与头缝合。

绣五官

7. 将耳朵的最下面一行缝合在头上，此时注意边缝合边拉紧线以隐藏缝合痕迹。

8. 用水消笔画好五官的位置，鼻子位于第44行记号扣所在的位置，眼睛位于记号扣向左右两边各数4针的位置，嘴巴是在脸的起始行往上数5行（第39行）的位置画一个倒V字。

9. 用飞鸟绣（参考第214页）绣一个倒过来的Y字作为嘴巴。

10. 在鼻子的位置用直线绣（参考第212页）反复绣4～6次绣出鼻子的厚度。

11. 缝上眼睛后即可完成脸部。

12. 用布艺彩色铅笔或布艺墨水涂上腮红。

组装尾巴

13. 从捆绑收针的位置缝合至起始行。

14. 将尾巴缝合在玩偶背面下部的中心位置上。

05 小猪黛西和贝尼

××××××

身材丰满又可爱的黛西梦想成为一名芭蕾舞演员，
穿上漂亮的粉色芭蕾舞服，
在树丛中的朋友们面前表演芭蕾就会非常开心。

准备材料

大小：15cm

线：婴羊驼毛 DK (King cole Baby Alpaca DK)，象牙白色、粉色、米粉色

针：2.5mm棒针

密度：平针编织 31针×39行（10cm×10cm）

其他：6mm玩偶眼睛、毛线缝针、棉花、刺绣线（可可色）、防解别针、记号扣、气消笔（或水消笔）、布艺彩色铅笔（或布艺墨水）、珠针、钳子

工具和针法：参考第187~216页

编织说明使用方法

- 同一行中重复针法用“【 】×次”表示。
- 有配色的部分用与线颜色相近的文字标记。

编织图使用方法

- 编织图用符号表示正面花形，编织时正面按照符号编织，反面则应编织与符号相反的针法。
- 编织图两侧的箭头表示行针方向，数字表示行数和针数。
- 需要使用记号扣的位置请参考编织说明。

编织说明 PATTERN ×××××

右腿

*用象牙白色线起12针

第1行：上针12针；（共12针）

第2行：下针1针，【下针1针放2针的加针】10次，下针1针；（共22针）

第3~5行：平针编织3行；（共22针）

· 在第5行的第1针和第2针之间、第21针和第22针之间用记号扣或其他颜色的线标记**

· 断线，将织物移动到防解别针或其他针上

左腿

· 重复右腿部分的*到**

· 不断线，保持原状

身体

· 连接双腿：织完左腿继续织右腿

第6行：在左腿第22针的位置织下针20针，右上2针并1针，继续织刚刚放在其他针上的右腿，左上2针并1针，下针20针；（共42针）

第7行：上针1行；（42针）

第8行：下针1针，【下针3针，下针1针放2针的加针】10次，下针1针；（共52针）

第9~28行：A部分为黛西，B部分为贝尼

A 黛西

第9~18行：平针编织10行；（共52针）

· 换粉色线

第19~23行：平针编织5行；（共52针）

第24行：下针12针，右上2针并1针，左上2针并1针，下针20针，右上2针并1针，左上2针并1针，下针12针；（共48针）

第25~26行：平针编织2行；（共48针）

第27行：下针1行；（共48针）

· 换象牙白色线

第28行：下针11针，右上2针并1针，左上2针并1针，下针18针，右上2针并1针，左上2针并1针，下针11针；（共44针）

B 贝尼

第9~23行：平针编织15行；（共52针）

第24行：下针12针，右上2针并1针，左上2针并1针，下针20针，右上2针并1针，左上2针并1针，下针12针；（共48针）

第25~27行：平针编织3行；（共48针）

第28行：下针11针，右上2针并1针，左上2针并1针，下针18针，右上2针并1针，左上2针并1针，下针11针；（共44针）

第29~31行：平针编织3行；（共44针）

第32行：【下针2针，左上2针并1针】2次，下针2针，右上2针并1针，左上2针并1针，下针3针，左上2针并1针，【下针2针，左上2针并1针】2次，下针3针，右上2针并1针，左上2针并1针，【下针2针，左上2针并1针】2次，下针2针；（共33针）

第33行：上针1行；（共33针）

脸

第34行：下针1针，【下针1针放2针的加针】31次，下针1针；（共64针）

第35~42行：平针编织8行；（共64针）

· 在第42行的中间位置（第32针和第33针之间）挂上记号扣

第43~48行：平针编织6行；（共64针）

· 在第48行的中间位置（第32针和第33针之间）挂上记号扣

第49~51行：平针编织3行；（共64针）

第52行：下针15针，右上2针并1针，左上2针并1针，下针26针，右上2针并1针，左上2针并1针，下针15针；（共60针）

第53~55行：平针编织3行；（共60针）

第56行：下针14针，右上2针并1针，左上2针并1针，下针24针，右上2针并1针，左上2针并1针，下针14针；（共56针）

第57行：上针1行；（共56针）

第58行：下针1针，【下针4针，左上2针并1针】9次，下针1针；（共47针）

第59行：上针1行；（共47针）

第60行：下针1针，【下针3针，左上2针并1针】9次，下针1针；（共38针）

第61行：上针1行；（共38针）

第62行：下针1针，【下针2针，左上2针并1针】9次，下针1针；（共29针）

第63行：上针1行；（共29针）

第64行：下针1针，【下针1针，左上2针并1针】9次，下针1针；

（共20针）

第65行：上针1行；（共20针）

第66行：下针1针，【左上2针并1针】9次，下针1针；（共11针）

• 捆绑收针

耳朵（象牙白色2片，米粉色2片）

• 起8针

第1行：上针1行；（共8针）

第2行：下针1针，【下针1针，下针1针放2针的加针】3次，下针1针；（共11针）

第3行：上针1行；（共11针）

第4行：下针1针，【下针2针，下针1针放2针的加针】3次，下针1针；（共14针）

第5行：上针1行；（共14针）

第6行：下针1针，左上2针并1针，下针8针，右上2针并1针，下针1针；（共12针）

第7~9行：平针编织3行；（共12针）

第10行：下针1针，左上2针并1针，下针6针，右上2针并1针，下针1针；（共10针）

第11行：上针1行；（共10针）

第12行：下针1针，左上2针并1针，下针4针，右上2针并1针，下针1针；（共8针）

第13行：上针1行；（共8针）

第14行：下针1针，【左上2针并1针】2次，右上2针并1针，下针1针；（共5针）

第15行：上针1行；（共5针）

• 捆绑收针

胳膊（2片）

• 用象牙白色线起8针

第1行：上针1行；（共8针）

第2行：下针1针，向右扭针加针，下针6针，向左扭针加针，下针1针；（共10针）

第3行：上针1行；（共10针）

第4行：下针1针，向右扭针加针，下针8针，向左扭针加针，下针1针；（共12针）

第5行：上针1行；（共12针）

第6行：下针1针，向右扭针加针，【下针3针，向左扭针加针，下针2针】2次，向左扭针加针，下针1针；（共16针）

• 在第6行的第1针和第2针之间、最后一针和倒数第二针之间用记号扣或其他颜色的线标记

第7~14行：平针编织8行；（共16针）

• 换米粉色线

第15~17行：平针编织3行；（共16针）

第18行：下针1针，【左上2针并1针】7次，下针1针；（共9针）

• 捆绑收针

鼻子

• 用象牙白色线起10针

第1行：上针1行；（共10针）

第2行：下针1针，右上2针并1针，下针4针，左上2针并1针，下针1针；（共8针）

第3行：上针1行；（共8针）

第4行：下针1针，右上2针并1针，下针2针，左上2针并1针，下针1针；（共6针）

• 上针收针

尾巴

• 用象牙白色线起18针

• 下针收针

裙子

• 用粉色线起106针

第1行：【上针2针，下针2针】26次，上针2针；（共106针）

第2行：【下针2针，上针2针】26次，下针2针；（共106针）

第3行：【上针2针，下针2针】26次，上针2针；（共106针）

第4行：【左上2针并1针，上针左上2针并1针】13次，左上2针并1针；（共79针）

• 上针收针

肩带（2条）

• 用粉色线起10针

• 下针收针

发带

• 用粉色线起38针

• 下针1行；（共38针）

• 下针收针

编织图 × × × × ×

腿、身体、脸

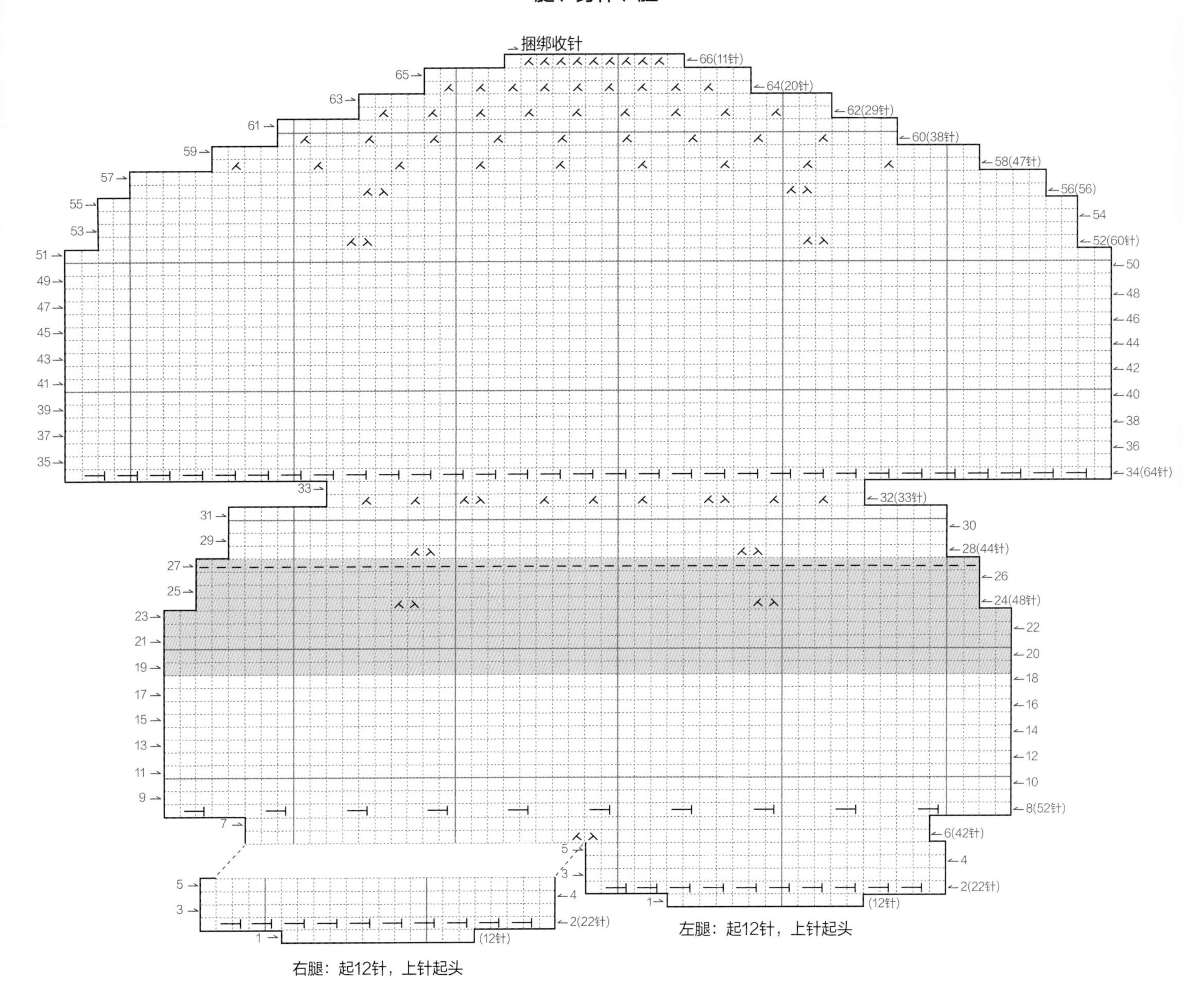

*黛西需要配色，贝尼只用一种颜色织

- ▯=□ 下针 (K)
- ⊟ 上针 (P)
- 下针1针放2针的加针 (kfb)
- 上针1针放2针的加针 (pfb)
- 下针向左扭针加针 (M1L)
- 下针向右扭针加针 (M1R)
- 下针左上2针并1针 (k2tog)
- 上针左上2针并1针 (p2tog)
- 下针右上2针并1针 (skpo)
- 上针右上2针并1针 (ssp)

耳朵（象牙白色2片，米粉色2片）

捆绑收针

15 14(5针) 13 12(8针) 11 10(10针) 9 8 7 6(12针) 5 4(14针) 3 2(11针) 1 (8针)

起8针，下针起头

胳膊（2片）

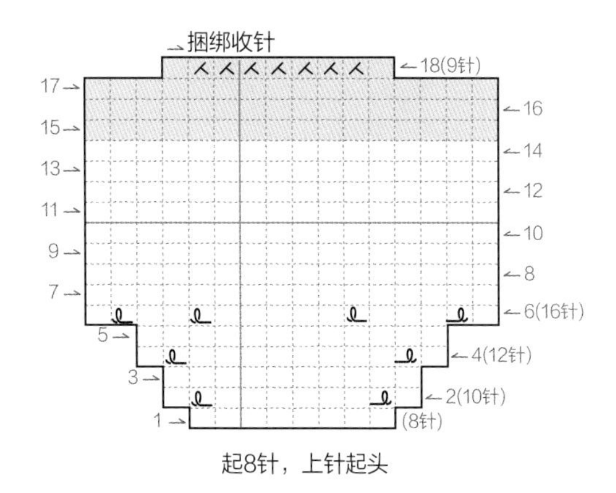

起8针，上针起头

鼻子

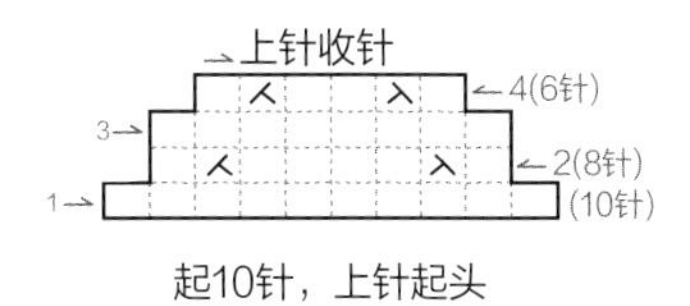

起10针，上针起头

裙子

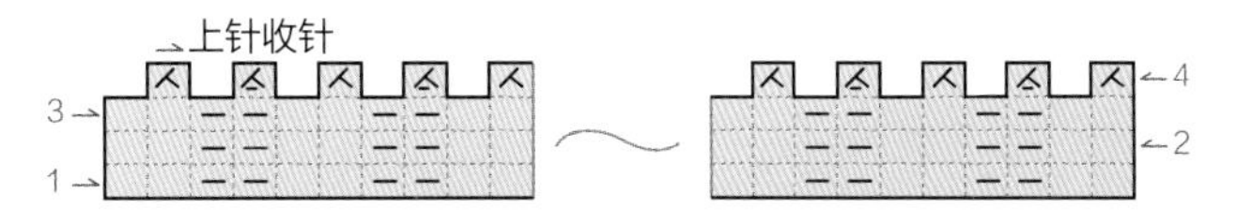

起106针，双罗纹编织

※尾巴、肩带和发带参考第53页的编织说明

组装鼻子

1. 将鼻子的上边中心对准第48行记号扣所在位置，下边中心对准第42行记号扣所在位置，并用珠针固定好。

※ 基础款身体请参考第16～19页

2. 将鼻子缝合在脸上。

3. 使用平针缝合将鼻子的线圈依次缝合在脸部。

4. 将棉花塞入洞中后用缝针将洞口缝合。

5. 用水消笔在鼻子的边沿画一圈。

6. 按照水消笔的痕迹绣锁链绣（请参考第213页），此时将毛线拆散用作刺绣线。

7. 黛西：将眼睛缝在脸部开始加针的行（第34行）往上数10行的中心往左右两边各数4针的位置上，并在鼻子上绣出鼻孔。

8. 在眼睛上方2～3行的位置上绣出眉毛，并用直线绣（请参考第212页）在脸部开始加针的行（第34行）往上数3行的位置上绣出嘴巴。

9. 贝尼：除了眼睛和眉毛以外与黛西一样。用锁链绣在鼻子上面一行绣波浪形作为眼睛，此时注意要用细线刺绣并且要拉紧线使其没有锁链的形状。

组装耳朵

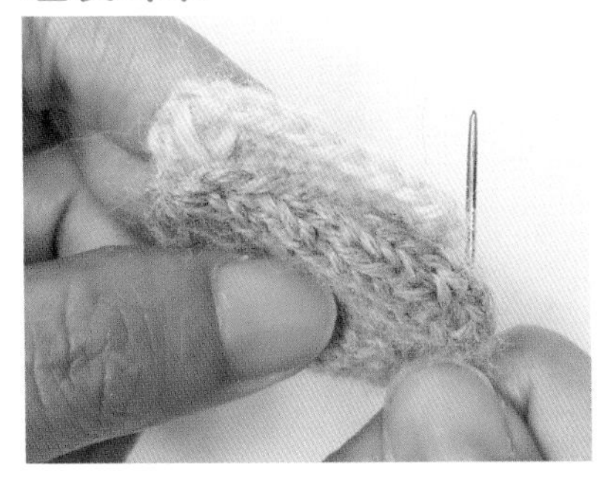

10. 将两片耳朵的反面对齐后，从起针行开始平针缝合至捆绑收针的位置。

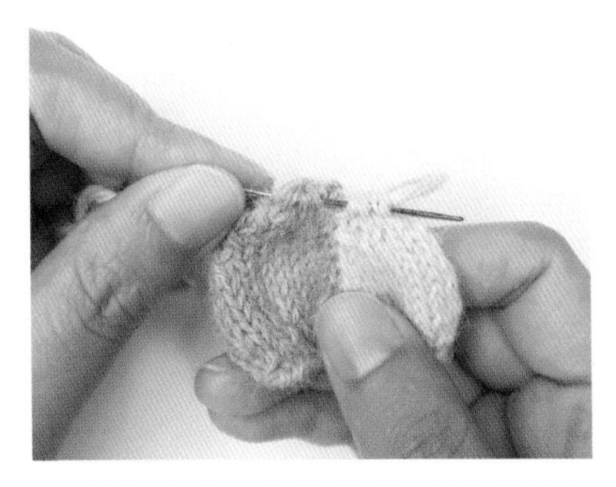

11. 将捆绑收针的部分再次捆绑收针在一起。

12. 继续缝合至起始行。

13. 完成步骤12的样子。

14. 将耳朵的下边对折并缝在一起。

15. 对折缝好的样子。

16. 将耳朵用珠针固定在脸两侧减针的位置（第56行）并缝合。

组装裙子

17. 将裙子的侧边缝合。

18. 将裙子放在身体的分界线上。

制作发带和肩带

19. 将其与身体部分粉色的起始行缝合。

20. 将发带交叉成X形。

21. 将交叉处与发带的后面中心对齐。

22. 用线在发带的中心缠绕几次。

23. 将发带缝在其中一个耳朵上。

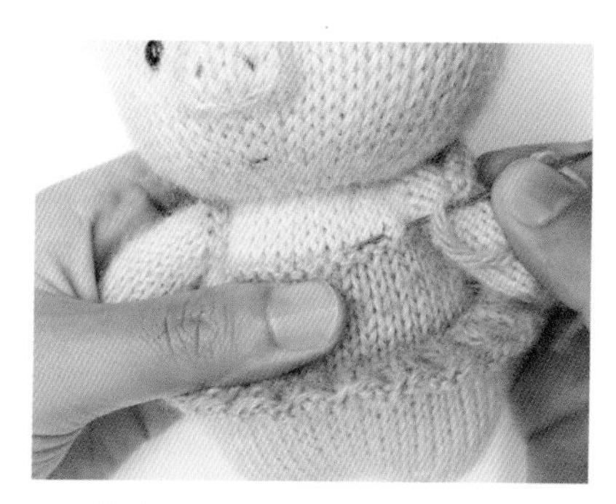

24. 将肩带缝合在身体前侧的粉色结尾行上。

组装尾巴

25. 将肩带缝合在身体后侧的粉色结尾行上。

26. 将尾巴交叉成X形，并将交叉的部分缝在一起固定好。

27. 将尾巴缝合在玩偶背面下部的中心位置。

06

小熊猫阿托

×××××

阿托是一只连生气的样子都很可爱的小熊猫，

因为它的性格温顺，

是邻居朋友们眼中的人气王。

预览

准备材料

大小：15cm

线：婴羊驼毛 DK（King cole Baby Alpaca DK），象牙白色、深褐色、炭黑色

针：2.5mm棒针

密度：平针编织 31针×39行（10cm×10cm）

其他：6mm玩偶眼睛、毛线缝针、棉花、刺绣线（可可色）、防解别针、记号扣、气消笔（或水消笔）、珠针、钳子

工具和针法：参考第187~216页

编织说明使用方法

- 同一行中重复针法用“【 】×次”表示。
- 有配色的部分用与线颜色相近的文字标记。

编织图使用方法

- 编织图用符号表示正面花形，编织时正面按照符号编织，反面则应编织与符号相反的针法。
- 编织图两侧的箭头表示行针方向，数字表示行数和针数。
- 需要使用记号扣的位置请参考编织说明。

编织说明 PATTERN ×××××

右腿

*用深褐色线起12针

第1行：上针12针；（共12针）

第2行：下针1针，【下针1针放2针的加针】10次，下针1针；（共22针）

第3~5行：平针编织3行；（共22针）

• 在第5行的第1针和第2针之间、第21针和第22针之间用记号扣或其他颜色的线标记**

• 断线，将织物移动到防解别针或其他针上

左腿

• 重复右腿部分的*到**

• 不断线，保持原状

身体

• 连接双腿：织完左腿继续织右腿

第6行：在左腿第22针的位置织下针20针，右上2针并1针，继续织刚刚放在其他针上的右腿，左上2针并1针，下针20针；（共42针）

第7行：上针1行；（共42针）

第8行：下针1针，【下针3针，下针1针放2针的加针】10次，下针1针；（共52针）

第9~23行：平针编织15行；（共52针）

第24行：下针12针，右上2针并1针，左上2针并1针，下针20针，右上2针并1针，左上2针并1针，下针12针；（共48针）

第25~27行：平针编织3行；（共48针）

第28行：下针11针，右上2针并1针，左上2针并1针，下针18针，右上2针并1针，左上2针并1针，下针11针；（共44针）

第29~31行：平针编织3行；（共44针）

第32行：【下针2针，左上2针并1针】2次，下针2针，右上2针并1针，左上2针并1针，下针3针，左上2针并1针，【下针2针，左上2针并1针】2次，下针3针，右上2针并1针，左上2针并1针，【下针2针，左上2针并1针】2次，下针2针；（共33针）

• 从第33行到第43行要用象牙白色线和深褐色线进行配色

• 象牙白色线用（白），深褐色线用（褐）进行标记

第33行：（褐）上针11针，（白）上针1针，（褐）上针2针，（白）上针5针，（褐）上针2针，（白）上针1针，（褐）上针11针；（共33针）

脸

第34行：（褐）下针1针，（褐）【下针1针放2针的加针】10次，（白）下针1针放2针的加针，（白）下针1针，（褐）向左扭针加针，（褐）下针1针放2针的加针，（白）【下针1针放2针的加针】5次，（褐）下针1针放2针的加针，（褐）下针1针，（白）向右扭针加针，（白）下针1针放2针的加针，（褐）【下针1针放2针的加针】10次，下针1针；（共64针）

第35行：（褐）上针21针，（白）上针3针，（褐）上针3针，（白）上针10针，（褐）上针3针，（白）上针3针，（褐）上针21针；（共64针）

第36行：（褐）下针21针，（白）下针3针，（褐）下针3针，（白）上针10针，（褐）上针3针，（白）上针3针，（褐）上针21针；（共64针）

第37行：（褐）上针21针，（白）上针3针，（褐）上针3针，（白）上针10针，（褐）上针3针，（白）上针3针，（褐）上针21针；（共64针）

第38行：（褐）下针21针，（白）下针3针，（褐）下针3针，（白）上针10针，（褐）上针3针，（白）上针3针，（褐）上针21针；（共64针）

第39行：（褐）上针21针，（白）上针3针，（褐）上针3针，（白）上针10针，（褐）上针3针，（白）上针3针，（褐）上针21针；（共64针）

第40行：（褐）下针22针，（白）下针3针，（褐）下针3针，（白）上针8针，（褐）上针3针，（白）上针3针，（褐）上针22针；（共64针）

第41行：（褐）上针23针，（白）上针3针，（褐）上针3针，（白）上针6针，（褐）上针3针，（白）上针3针，（褐）上针23针；（共64针）

第42行：（褐）下针24针，（白）下针2针，（褐）下针4针，（白）上针4针，（褐）上针4针，（白）上针2针，（褐）上针24针；（共64针）

第43行：（褐）上针24针，（白）上针2针，（褐）上针12针，（白）上针2针，（褐）上针24针；（共64针）

• 剪断象牙白色线，只用深褐色线织

第44~49行：平针编织6行；（共64针）

第50行：下针15针，右上2针并1针，左上2针并1针，下针26针，右上2针并1针，左上2针并1针，下针15针；（共60针）

第51~53行：平针编织3行；（共60针）

第54行：下针14针，右上2针并1针，左上2针并1针，下针24针，右上2针并1针，左上2针并1针，下针14针；（共56针）

第55~57行：平针编织3行；（共56针）

第58行：下针1针，【下针4针，左上2针并1针】9次，下针1针；（共47针）

第59行：上针1行；（共47针）

第60行：下针1针，【下针3针，左上2针并1针】9次，下针1针；（共38针）

第61行：上针1行；（共38针）

第62行：下针1针，【下针2针，左上2针并1针】9次，下针1针；（共29针）

第63行：上针1行；（共29针）

第64行：下针1针，【下针1针，左上2针并1针】9次，下针1针；（共20针）

第65行：上针1行；（共20针）

第66行：下针1针，【左上2针并1针】9次，下针1针；（共11针）

・捆绑收针

胳膊（2片）

・用炭黑色线起8针

第1行：上针1行；（共8针）

第2行：下针1针，向右扭针加针，下针6针，向左扭针加针，下针1针；（共10针）

第3行：上针1行；（共10针）

第4行：下针1针，向右扭针加针，下针8针，向左扭针加针，下针1针；（共12针）

第5行：上针1行；（共12针）

第6行：【下针1针，向右扭针加针】2次，下针8针，【向左扭针加针，下针1针】2次；（共16针）

・在第6行的第1针和第2针之间、最后一针和倒数第二针之间用记号扣或其他颜色的线标记

第7~17行：平针编织11行；（共16针）

第18行：下针1针，【左上2针并1针】7次，下针1针；（共9针）

・捆绑收针

耳朵后面（2片）

・用炭黑色线起12针

第1~5行：上针起头，平针编织5行；（共12针）

第6行：下针1针，左上2针并1针，下针6针，右上2针并1针，下针1针；（共10针）

第7行：上针1行；（共10针）

第8行：下针1针，左上2针并1针，下针4针，右上2针并1针，下针1针；（共8针）

第9行：上针1行；（共8针）

第10行：下针1针，左上2针并1针，下针2针，右上2针并1针，下针1针；（共6针）

第11行：上针1行；（共6针）

第12行：下针1针，左上2针并1针，右上2针并1针，下针1针；（共4针）

・捆绑收针

耳朵前面（2片）

・用象牙白色线起10针

第1~5行：上针起头，平针编织5行；（共10针）

第6行：下针1针，左上2针并1针，下针4针，右上2针并1针，下针1针；（共8针）

第7行：上针1行；（共8针）

第8行：下针1针，左上2针并1针，下针2针，右上2针并1针，下针1针；（共6针）

第9行：上针1行；（共6针）

第10行：下针1针，左上2针并1针，右上2针并1针，下针1针；（共4针）

第11行：上针1行；（共4针）

・换炭黑色线

第12行：下针1行；（共4针）

・捆绑收针

尾巴

・用深褐色线起11针

第1行：上针1行；（共11针）

第2行：下针1针，【下针1针放2针的加针】9次，下针1针；（共20针）

第3行：上针1行；（共20针）

・从*到**（第4~21行）用象牙白色织2行，再用深褐色织2行，依次反复，织出条纹

第4~11行：*平针编织8行；（共20针）

第12行：下针1针，下针1针放2针的加针，下针8针，下针1针放2针的加针，下针9针；（共22针）

第13~21行：平针编织9行；（共22针）**

・换炭黑色线

第22行：下针1针，【左上2针并1针，下针6针，右上2针并1针】2次，下针1针；（共18针）

第23行：上针1行；（共18针）

第24行：下针1针，【左上2针并1针，下针4针，右上2针并1针】2次，下针1针；（共14针）

第25行：上针1行；（共14针）

第26行：下针1针，【左上2针并1针，下针2针，右上2针并1针】2次，下针1针；（共10针）

第27行：上针1行；（共10针）

・下针收针

※ 水桶请参考第81~87页

编织图 × × × × ×

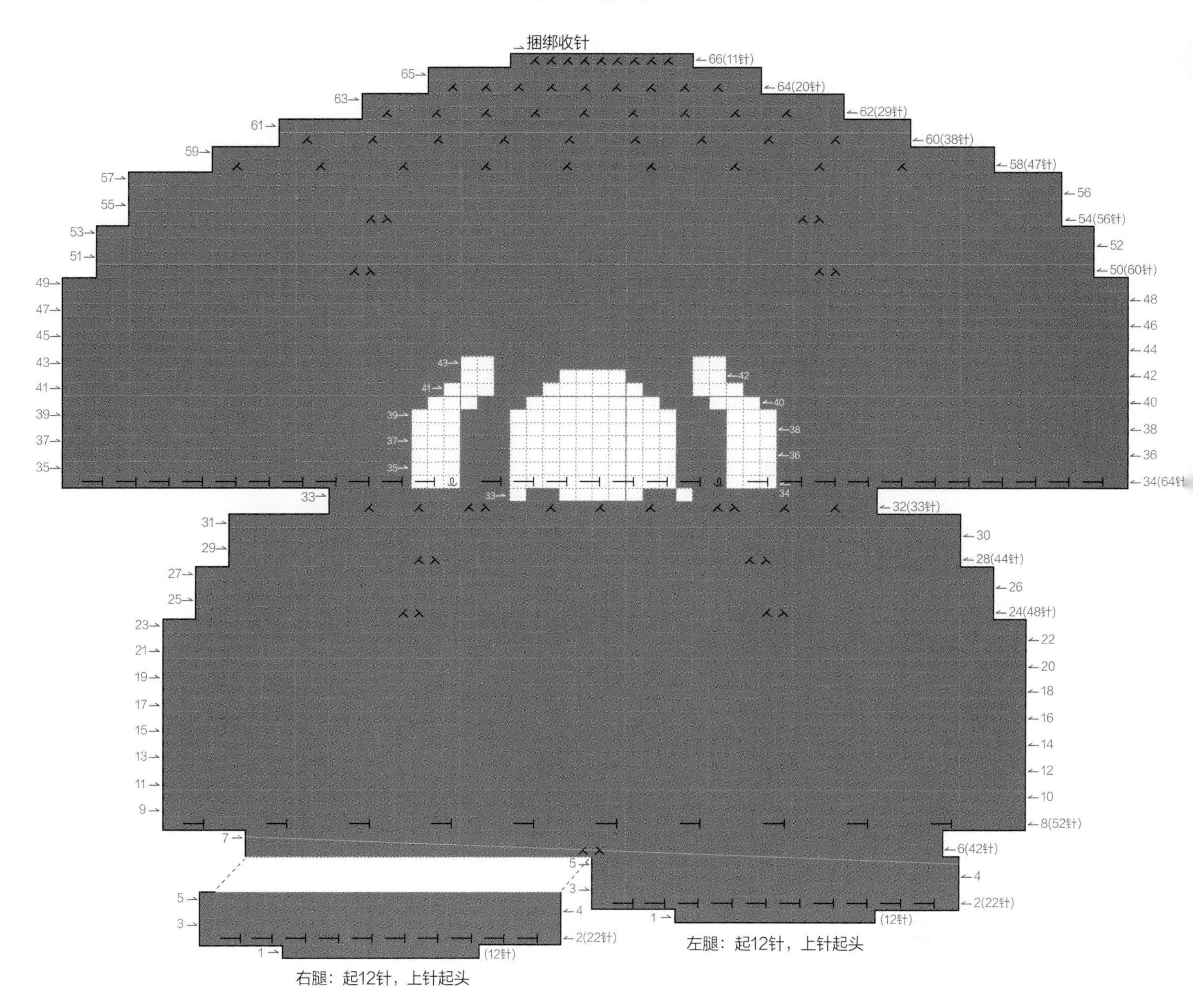

= 下针 (K)

上针 (P)

下针1针放2针的加针 (kfb)

上针1针放2针的加针 (pfb)

向左扭针加针 (M1L)

向右扭针加针 (M1R)

下针左上2针并1针 (k2tog)

下针右上2针并1针 (skpo)

耳朵前面（2片）

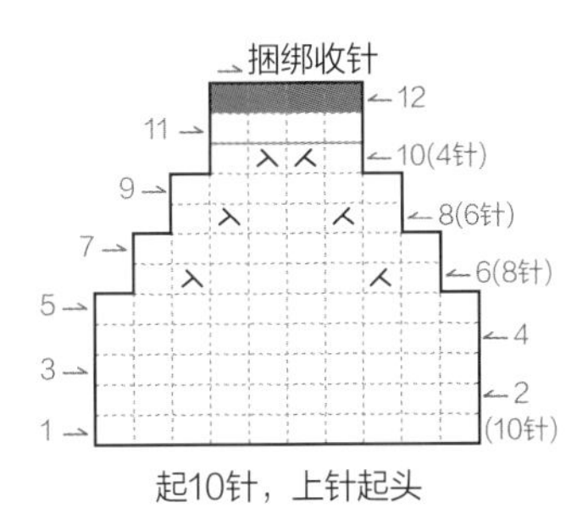

耳朵后面（2片）

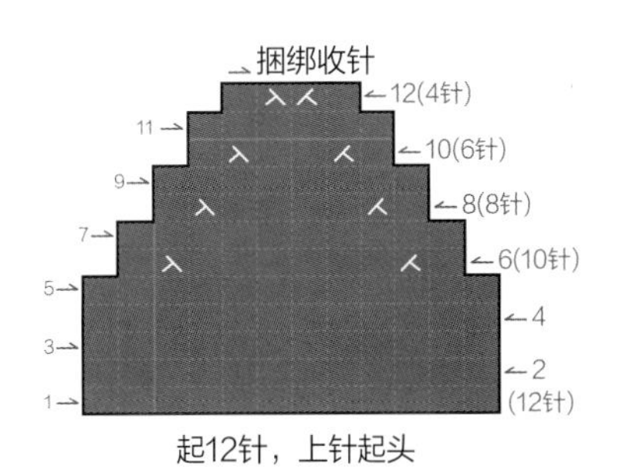

尾巴

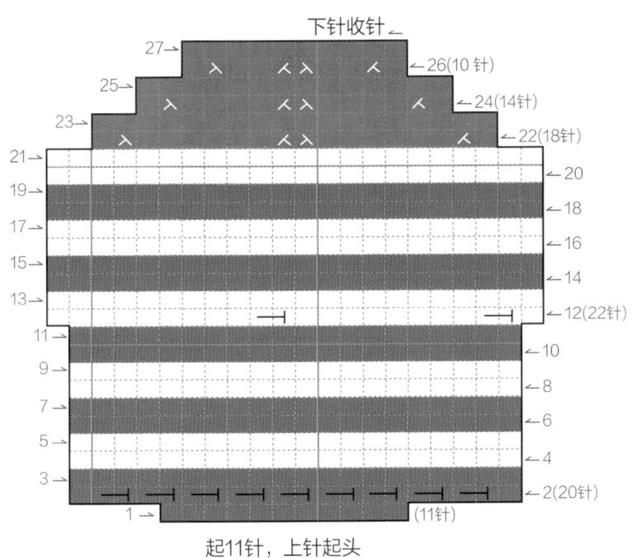

胳膊（2片）

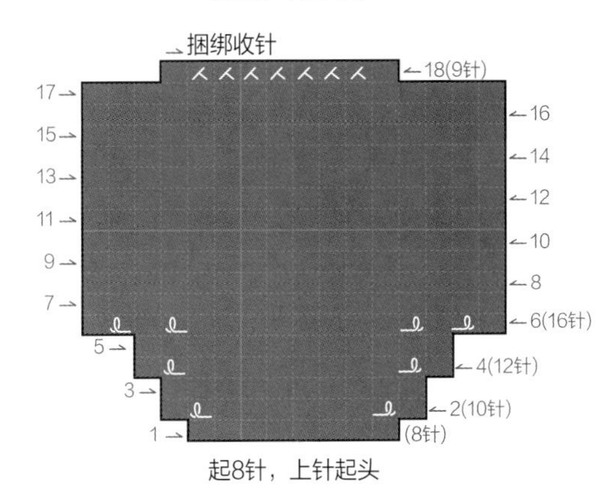

绣五官

1. 用水消笔画出五官的位置，嘴位于脸部起始行往上数2行的位置，鼻子位于第44行的中心处，眼睛位于第44行中间往左右两边各数4针的位置上。

※ 基础款身体请参考第16～19行

2. 用飞鸟绣（参考第214页）绣一个倒过来的Y字作为嘴巴。

3. 在鼻子的位置用直线绣（参考第212页）反复绣4～6次绣出鼻子的厚度。

4. 将眼睛缝在第44行中间往左右两边各数4针的位置上（双眼间隔8针）。用象牙白色线使用直线绣（参考第212页）绣出眉毛。

组装耳朵

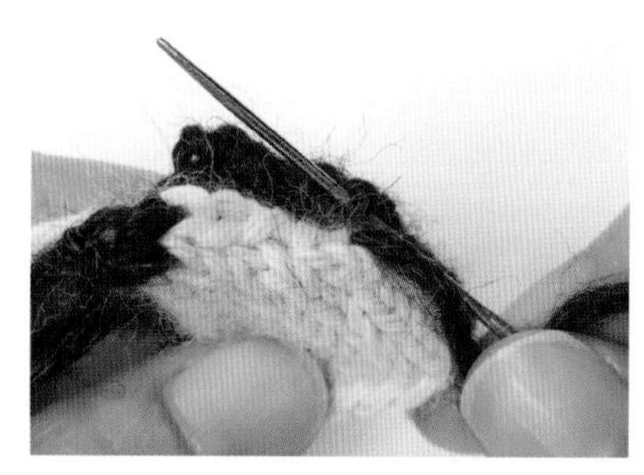

5. 将两片耳朵的反面对齐后，将侧边从起针行缝合至捆绑收针的位置。

6. 用缝针将捆绑收针的位置再次捆绑收针在一起。

7. 从捆绑收针的位置开始缝合至起始行。

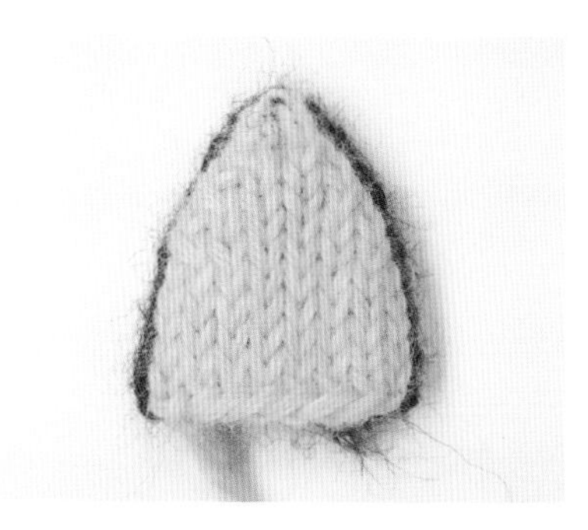

8. 用钳子填充棉花并做成扁扁的形状。

9. 用珠针将耳朵固定在脸两侧减针行的上一行（第51行）。

组装尾巴

10. 将耳朵的最下面一行与脸部缝合，此时注意缝合时要拉紧线以隐藏缝合痕迹。

11. 从收针行开始平针缝合至起针行。

12. 将起针行缝合并放入棉花，因为此时会产生新的一行所以要注意不要把线拉的太紧。

13. 将尾巴缝合在玩偶背面下部的中心位置。

07

仓鼠普琪

× × × × ×

普琪的目标是在冬天到来之前用橡子把房子填满。
每天太阳还没升起的时候它就会起床，拉着车去东边橡树很多的树林。
一边听着鸟儿们唱歌，一边愉快地收集橡子。

预览

准备材料

大小：15cm

☑ 仓鼠

线：婴羊驼毛 DK（King cole Baby Alpaca DK），灰色、象牙白色

针：2.5mm棒针

密度：平针编织 31针×39行（10cm×10cm）

☑ 手推车

线：安哥拉山羊毛/马海毛（Super Angora），天蓝色、浅木炭色、炭灰色

密度：平针编织 30针×40行（10cm×10cm）

☑ 橡子

线：婴羊驼毛 DK（King cole Baby Alpaca DK），橘红色、米棕色、深褐色

针：2.5mm棒针

其他：6mm玩偶眼睛、厚度0.5cm的木板、毛线缝针、棉花、刺绣线（可可色）、防解别针、记号扣、气消笔（或水消笔）、布艺彩色铅笔（或布艺墨水）、珠针、钳子

工具和针法：参考第187~216页

编织说明使用方法

- 同一行中重复针法用“【 】×次”表示。
- 有配色的部分用与线颜色相近的文字标记。

编织图使用方法

- 编织图用符号表示正面花形，编织时正面按照符号编织，反面则应编织与符号相反的针法。
- 编织图两侧的箭头表示行针方向，数字表示行数和针数。
- 需要使用记号扣的位置请参考编织说明。

编织说明 PATTERN ×××××

右腿

*用灰色线起12针

第1行：上针12针；（共12针）

第2行：下针1针，【下针1针放2针的加针】10次，下针1针；（共22针）

第3~5行：平针编织3行；（共22针）

· 在第5行的第1针和第2针之间、第21针和第22针之间用记号扣或其他颜色的线标记**

· 断线，将织物移动到防解别针或其他针上

左腿

· 重复右腿部分的*到**

· 不断线，保持原状

身体

· 连接双腿：织完左腿继续织右腿

第6行：在左腿第22针的位置织下针20针，右上2针并1针，继续织刚刚放在其他针上的右腿，左上2针并1针，下针20针；（共42针）

第7行：上针1行；（共42针）

第8行：下针1针，【下针3针，下针1针放2针的加针】10次，下针1针；（共52针）

第9~18行：平针编织10行；（共52针）

· 从第19行到第43行要用灰色线和象牙白色线进行配色

· 象牙白色线用（白），灰色线用（灰）进行标记

第19行：（灰）上针23针，（白）上针6针，（灰）上针23针；（共52针）

第20行：（灰）下针22针，（白）下针8针，（灰）下针22针；（共52针）

第21行：（灰）上针21针，（白）上针10针，（灰）上针21针；（共52针）

第22行：（灰）下针20针，（白）下针12针，（灰）下针20针；（共52针）

第23行：（灰）上针19针，（白）上针14针，（灰）上针19针；（共52针）

第24行：（灰）下针12针，（灰）右上2针并1针，（灰）左上2针并1针，（灰）下针3针，（白）下针14针，（灰）下针3针，（灰）右上2针并1针，（灰）左上2针并1针，（灰）下针12针；（共48针）

第25行：（灰）上针17针，（白）上针14针，（灰）上针17针；（共48针）

第26行：（灰）下针17针，（白）下针14针，（灰）下针17针；（共48针）

第27行：（灰）上针17针，（白）上针14针，（灰）上针17针；（共48针）

第28行：（灰）下针11针，（灰）右上2针并1针，（灰）左上2针并1针，（灰）下针2针，（白）下针14针，（灰）下针2针，（灰）右上2针并1针，（灰）左上2针并1针，（灰）下针11针；（共44针）

第29行：（灰）上针15针，（白）上针14针，（灰）上针15针；（共44针）

第30行：（灰）下针15针，（白）下针14针，（灰）下针15针；（共44针）

第31行：（灰）上针15针，（白）上针14针，（灰）上针15针；（共44针）

第32行：（灰）【下针2针，左上2针并1针】2次，（灰）下针2针，（灰）右上2针并1针，（灰）左上2针并1针，（灰）下针1针，（白）【下针2针，左上2针并1针】3次，（白）下针2针，（灰）下针1针，（灰）右上2针并1针，（灰）【左上2针并1针，下针2针】3次；（共33针）

第33行：（灰）上针11针，（白）上针11针，（灰）上针11针；（共33针）

脸

第34行：（灰）下针1针，（灰）【下针1针放2针的加针】10次，（白）【下针1针放2针的加针】11次，（灰）【下针1针放2针的加针】10次，（灰）下针1针；（共64针）

第35行：（灰）上针21针，（白）上针22针，（灰）上针21针；（共64针）

第36行：（灰）下针21针，（白）下针22针，（灰）下针21针；（共64针）

第37行：（灰）上针21针，（白）上针22针，（灰）上针21针；（共64针）

第38行：（灰）下针21针，（白）下针22针，（灰）下针21针；（共64针）

第39行：（灰）上针22针，（白）上针20针，（灰）上针22针；（共64针）

第40行：（灰）下针23针，（白）下针18针，（灰）下针23针；（共64针）

第41行：（灰）上针24针，（白）上针16针，（灰）上针24针；（共64针）

第42行：（灰）下针25针，（白）下针6针，（灰）下针2针，（白）下针6针，（灰）下针25针；（共64针）

第43行：（灰）上针26针，（白）上针4针，（灰）上针4针，（白）上针4针，（灰）上针26针；（共64针）

• 剪断象牙白色线，只用灰色线织

第44~49行：平针编织6行；（共64针）

第50行：下针15针，右上2针并1针，左上2针并1针，下针26针，右上2针并1针，左上2针并1针，下针15针；（共60针）

第51~53行：平针编织3行；（共60针）

第54行：下针14针，右上2针并1针，左上2针并1针，下针24针，右上2针并1针，左上2针并1针，下针14针；（共56针）

第55~57行：平针编织3行；（共56针）

第58行：下针1针，【下针4针，左上2针并1针】9次，下针1针；（共47针）

第59行：上针1行；（共47针）

第60行：下针1针，【下针3针，左上2针并1针】9次，下针1针；（共38针）

第61行：上针1行；（共38针）

第62行：下针1针，【下针2针，左上2针并1针】9次，下针1针；（共29针）

第63行：上针1行；（共29针）

第64行：下针1针，【下针1针，左上2针并1针】9次，下针1针；（共20针）

第65行：上针1行；（共20针）

第66行：下针1针，【左上2针并1针】9次，下针1针；（共11针）

• 捆绑收针后，留出可以用于缝合的长度并断线

胳膊（2片）

• 用灰色线起8针

第1行：上针1行；（共8针）

第2行：下针1针，向右扭针加针，下针6针，向左扭针加针，下针1针；（共10针）

第3行：上针1行；（共10针）

第4行：下针1针，向右扭针加针，下针8针，向左扭针加针，下针1针；（共12针）

第5行：上针1行；（共12针）

第6行：下针1针，向右扭针加针，【下针3针，向左扭针加针，下针2针】2次，向右扭针加针，下针1针；（共16针）

第7~14行：平针编织8行；（共16针）

• 换象牙白色线

第15~17行：平针编织3行；（共16针）

第18行：下针1针，【左上2针并1针】7次，下针1针；（共9针）

• 捆绑收针

耳朵（象牙白色2片、灰色2片）

• 起12针

第1~3行：上针起头，平针编织3行；（共12针）

第4行：下针1针，左上2针并1针，下针6针，右上2针并1针，下针1针；（共10针）

第5~7行：平针编织3行；（共10针）

第8行：下针1针，左上2针并1针，下针4针，右上2针并1针，下针1针；（共8针）

• 上针收针

尾巴

• 用灰色线起10针

第1~3行：上针起头，平针编织3行；（共10针）

第4行：下针1针，【左上2针并1针，下针2针】2次，左上2针并1针，下针1针；（共9针）

• 捆绑收针

橡子

• 用2.5mm棒针和米棕色线起8针

第1行：下针1行；（共8针）

第2行：【下针1针，向左扭针加针，下针1针】4次；（共12针）

第3行：下针1行；（共12针）

第4行：【下针1针，向左扭针加针，下针2针】4次；（共16针）

第5~6行：起伏针编织2行；（共16针）

• 换成橘红色或者深褐色线

第7~12行：下针起头，平针编织6行；（共16针）

第13行：下针1针，【左上2针并1针】7次，下针1针；（共9针）

第14行：上针1行；（共9针）

• 捆绑收针

制作手推车

• 将厚度0.5cm的木板进行如下切割

底 1片：7cm×4.5cm

侧面A 2片：7cm×2.5cm

侧面B 2片：6.5cm×2.5cm

扶手A 1片：0.5cm×4cm

扶手B 1片：3cm×0.5cm

轮子 4片：直径2cm

• 用2.75mm棒针进行环状编织

手推车底

• 用天蓝色线起42针

环状编织第1~19行：下针19行；（共42针）

• 下针收针

手推车侧面A（2片）

• 用天蓝色线起42针

环状编织第1~10行：下针10行；（共42针）

• 下针收针

手推车侧面B（2片）

• 用天蓝色线起40针

环状编织第1~10行：下针10行；（共40针）

• 下针收针

手推车把手A

• 用炭灰色线起24针

环状编织第1~2行：下针2行；（共24针）

• 下针收针

手推车把手B

• 用炭灰色线起18针

环状编织第1~2行：下针2行；（共18针）

• 下针收针

手推车轮子（4片）

• 用浅木炭色线起8针

环状编织第1行：【下针1针放2针的加针】8次；（共16针）

环状编织第2行：下针1行；（共16针）

环状编织第3行：【下针1针，下针1针放2针的加针】8次；（共24针）

环状编织第4行：下针1行；（共24针）

环状编织第5行：上针1行；（共24针）

环状编织第6行：下针1行；（共24针）

环状编织第7行：上针1行；（共24针）

环状编织第8行：下针1行；（共24针）

环状编织第9行：【下针1针，左上2针并1针】8次；（共16针）

• 放置木板

环状编织第10行：下针1行；（共16针）

环状编织第11行：【左上2针并1针】8次；（共8针）

• 捆绑收针

编织图 ×××××

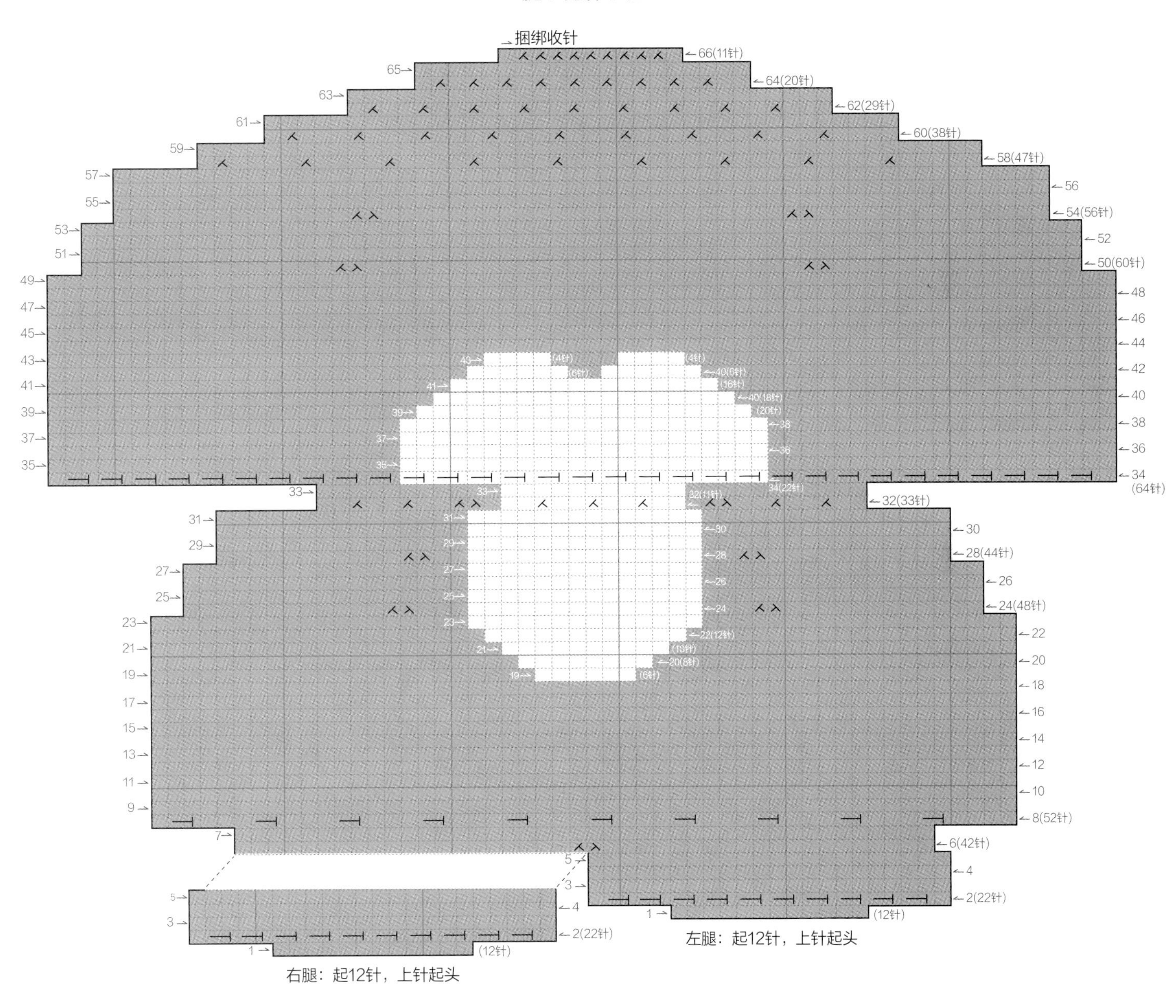
腿、身体、脸
捆绑收针
66(11针)
64(20针)
62(29针)
60(38针)
58(47针)
54(56针)
50(60针)
34(64针)
32(33针)
28(44针)
24(48针)
8(52针)
6(42针)
2(22针)
(12针)
左腿：起12针，上针起头
右腿：起12针，上针起头

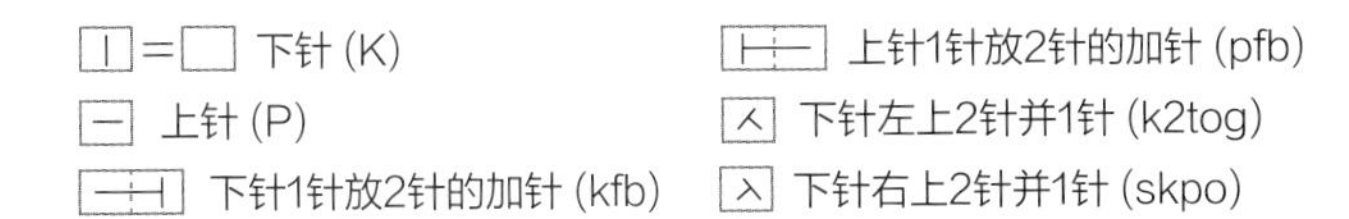
下针 (K)
上针 (P)
下针1针放2针的加针 (kfb)
上针1针放2针的加针 (pfb)
下针左上2针并1针 (k2tog)
下针右上2针并1针 (skpo)

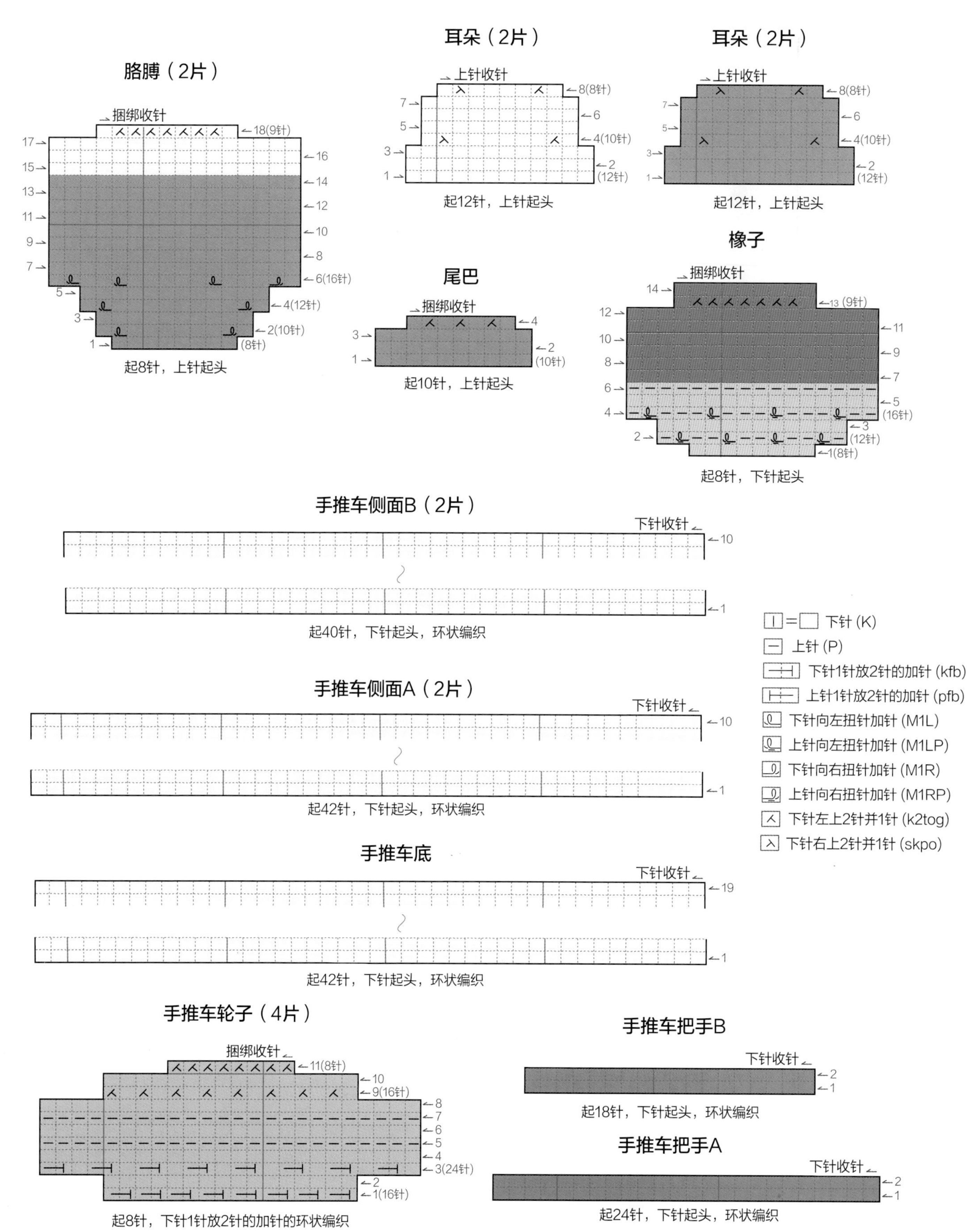

胳膊（2片）
捆绑收针
18(9针)
17
16
15
14
13
12
11
10
9
8
7
6(16针)
5
4(12针)
3
2(10针)
1
(8针)
起8针，上针起头
耳朵（2片）
上针收针
8(8针)
7
6
5
4(10针)
3
2
(12针)
1
起12针，上针起头
耳朵（2片）
上针收针
8(8针)
7
6
5
4(10针)
3
2
(12针)
1
起12针，上针起头
尾巴
捆绑收针
4
3
2
(10针)
1
起10针，上针起头
橡子
捆绑收针
14
13 (9针)
12
11
10
9
8
7
6
5
(16针)
4
3
(12针)
2
1(8针)
起8针，下针起头
手推车侧面B（2片）
下针收针
10
1
起40针，下针起头，环状编织
手推车侧面A（2片）
下针收针
10
1
起42针，下针起头，环状编织
手推车底
下针收针
19
1
起42针，下针起头，环状编织
手推车轮子（4片）
捆绑收针
11(8针)
10
9(16针)
8
7
6
5
4
3(24针)
2
1(16针)
起8针，下针1针放2针的加针的环状编织
手推车把手B
下针收针
2
1
起18针，下针起头，环状编织
手推车把手A
下针收针
2
1
起24针，下针起头，环状编织
= 下针 (K)
上针 (P)
下针1针放2针的加针 (kfb)
上针1针放2针的加针 (pfb)
下针向左扭针加针 (M1L)
上针向左扭针加针 (M1LP)
下针向右扭针加针 (M1R)
上针向右扭针加针 (M1RP)
下针左上2针并1针 (k2tog)
下针右上2针并1针 (skpo)

制作耳朵

1. 将两片耳朵的反面对齐后，将其平针缝合。

※ 基础款身体请参考第16～19页

2. 平针缝合后的耳朵。

3. 将耳朵的下边锁边缝合。

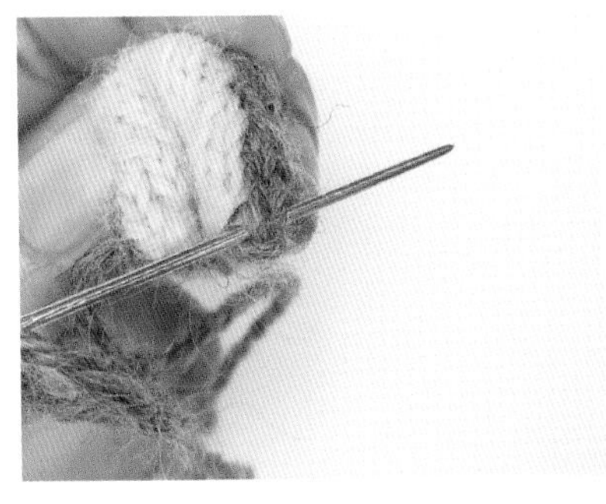

4. 将耳朵对折，将两侧的边沿用炭黑色线缝在一起，拉紧。

5. 用同样的方法把另一只耳朵也做好。

6. 用水消笔在脸两侧减针的部分（第54行减针的部分）做好标记。

绣五官

7. 将耳朵缝在脸的两侧。

8. 用水消笔在脸上画出眼睛和鼻子的位置。

9. 双眼间隔8针，将眼睛缝在灰色和象牙白色的分界线上。用飞鸟绣（请参考第214页）从脸部的起始行到第42行的灰色部分绣一个倒过来的Y字作为嘴巴。

组装尾巴

10. 按照图中所示绣好嘴巴，用直线绣（参考第212页）在第42行的灰色部分反复绣4～6次绣出鼻子的厚度。

11. 用布艺彩色铅笔或布艺墨水涂上腮红。

12. 从捆绑收针的位置开始缝合至起始行，并将其缝合在玩偶背面下部的中心位置。

制作橡子

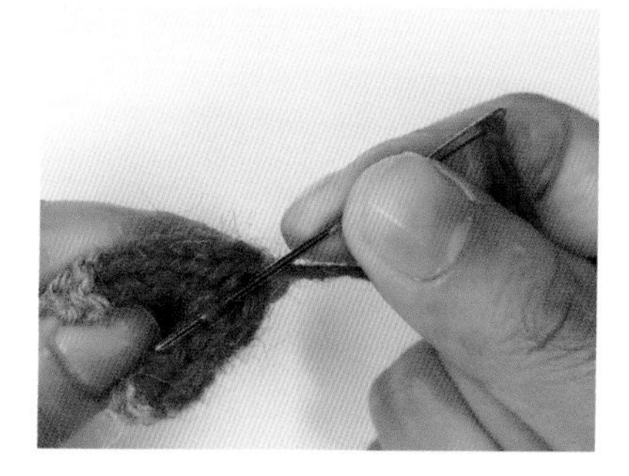

13. 从捆绑收针的位置开始缝合。

14. 缝合至起伏编织的位置。

15. 换棕色线继续缝合至起始行。

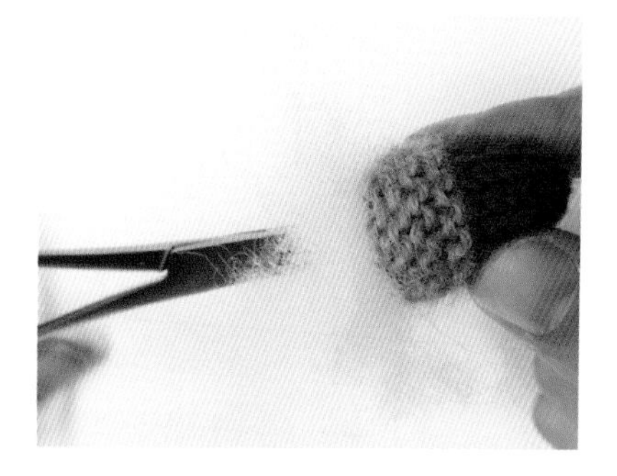

16. 用钳子塞入棉花。

17. 用缝针将起始行沿同一方向（由内向外或由外向内）收紧缝合，最后拉紧。

18. 完成。

制作手推车

19. 将裁好的木板放入织物中，并将织物缝合锁边。

20. 将侧面A与底缝合。

21. 侧面A与底缝合的样子。

22. 将侧面B与底缝合。

23. 将所有侧面与底缝合后将各侧面也缝合在一起。

24. 用水性笔在手推车下面画出半个轮子（半圆形）。

25. 按照画出的缝合线将轮子与手推车缝合。

26. 将把手缝合成T字形。

27. 将把手缝合在手推车的尾部。

08

企鹅荷莉

× × × × ×

荷莉是小猫塔拉的好朋友，因为钓鱼的爱好两个人很快就亲近了。

塔拉织了一条很好看的围巾送给荷莉，

荷莉因为怕热，当树丛里夏天到来时就会去南极旅行。

预览

准备材料

大小：15cm

☑ 企鹅

线：婴羊驼毛 DK（King cole Baby Alpaca DK），淡紫色、象牙白色；婴羊驼毛 DK（Michell Baby Alpaca Indiecita DK），金棕色

针：2.5mm棒针

密度：平针编织 31针×39行（10cm×10cm）

☑ 鱼

线：婴羊驼毛 DK，水蓝色

针：2.5mm棒针

☑ 围巾

线：安哥拉山羊毛/马海毛（Super Angora），金棕色、象牙白色

针：2.5mm棒针

☑ 水桶

线：安哥拉山羊毛/马海毛（Super Angora），红褐色

针：2.75mm棒针

其他：5mm和6mm玩偶眼睛、毛线缝针、棉花、防解别针、记号扣、气消笔（或水消笔）、布艺彩色铅笔（或布艺墨水）、手工用1mm金属丝、珠针、钳子

工具和针法：参考第187~216页

编织说明使用方法

- 同一行中重复针法用“【 】×次”表示。
- 有配色的部分用与线颜色相近的文字标记。

编织图使用方法

- 编织图用符号表示正面花形，编织时正面按照符号编织，反面则应编织与符号相反的针法。
- 编织图两侧的箭头表示行针方向，数字表示行数和针数。
- 需要使用记号扣的位置请参考编织说明。

编织说明 PATTERN ×××××

身体

- 用淡紫色线起26针
- 在第7针和第8针之间、第19针和第20针之间用记号扣或其他颜色的线标记

第1行：下针5针，【下针1针放2针的加针】4次，下针8针，【下针1针放2针的加针】4次，下针5针；（共34针）

第2行：上针1行；（共34针）

第3行：下针1针，【下针1针，下针1针放2针的加针】16次，下针1针；（共50针）

第4~6行：平针编织3行；（共50针）

第7行：下针1针，【下针5针，下针1针放2针的加针，下针6针】4次，下针1针；（共54针）

- 从第8行到第44行要用象牙白色线和淡紫色线进行配色
- 象牙白色线用（白），淡紫色线（紫）进行标记

第8行：（紫）上针23针，（白）上针8针，（紫）上针23针；（共54针）

第9行：（紫）下针22针，（白）下针10针，（紫）下针22针；（共54针）

第10行：（紫）上针21针，（白）上针12针，（紫）上针21针；（共54针）

第11行：（紫）下针20针，（白）下针14针，（紫）下针20针；（共54针）

第12行：（紫）上针19针，（白）上针16针，（紫）上针19针；（共54针）

第13行：（紫）下针19针，（白）下针16针，（紫）下针19针；（共54针）

第14~21行：重复4次第12~13行

第22行：（紫）上针19针，（白）上针16针，（紫）上针19针；（共54针）

第23行：（紫）下针12针，（紫）右上2针并1针，（紫）左上2针并1针，（紫）下针3针，（白）下针16针，（紫）下针3针，（紫）右上2针并1针，（紫）左上2针并1针，（紫）下针12针；（共50针）

第24行：（紫）上针17针，（白）上针16针，（紫）上针17针；（共50针）

第25行：（紫）下针17针，（白）下针16针，（紫）下针17针；（共50针）

第26行：（紫）上针17针，（白）上针16针，（紫）上针17针；（共50针）

第27行：（紫）下针11针，（紫）右上2针并1针，（紫）左上2针并1针，（紫）下针1针，（紫）右上2针并1针，（白）下针14针，（紫）左上2针并1针，（紫）下针1针，（紫）右上2针并1针，（紫）左上2针并1针，（紫）下针1针；（共44针）

第28行：（紫）上针15针，（白）上针14针，（紫）上针15针；（共44针）

第29行：（紫）【下针2针，（紫）左上2针并1针】2次，（紫）下针2针，（紫）右上2针并1针，（紫）左上2针并1针，（紫）下针1针，（白）【下针2针，左上2针并1针】3次，（白）下针2针，（紫）下针1针，（紫）右上2针并1针，（紫）【左上2针并1针，下针2针】3次；（共33针）

第30行：（紫）上针11针，（白）上针11针，（紫）上针11针；（共33针）

脸

第31行：（紫）下针1针，（紫）【下针1针放2针的加针】10次，（白）【下针1针放2针】11次，（紫）【下针1针放2针的加针】10次，（紫）下针1针；（共64针）

第32行：（紫）上针21针，（白）上针22针，（紫）上针21针；（共64针）

第33行：（紫）下针21针，（白）下针22针，（紫）下针21针；（共64针）

第34~37行：重复4次第12~13行

第38行：（紫）上针21针，（白）上针22针，（紫）上针21针；（共64针）

第39行：（紫）下针21针，（白）下针10针，（紫）下针2针，（白）下针10针，（紫）下针21针；（共64针）

第40行：（紫）上针21针，（白）上针9针，（紫）上针4针，（白）上针9针，（紫）上针21针；（共64针）

第41行：（紫）下针22针，（白）下针8针，（紫）下针4针，（白）下针8针，（紫）下针22针；（共64针）

第42行：（紫）上针23针，（白）上针6针，（紫）上针6针，（白）上针6针，（紫）上针23针；（共64针）

第43行：（紫）下针24针，（白）下针5针，（紫）下针6针，（白）下针5针，（紫）下针24针；（共64针）

第44行：（紫）上针25针，（白）上针4针，（紫）上针6针，（白）上针4针，（紫）上针25针；（共64针）

- 剪断象牙白色线，只用淡紫色线织

第45~46行：平针编织2行；（共64针）

第47行：下针15针，右上2针并1针，左上2针并1针，下针26针，右上2针并1针，左上2针并1针，下针15针；（共60针）

第48~50行：平针编织3行；（共60针）

第51行：下针14针，右上2针并1针，左上2针并1针，下针24针，右上2针并1针，左上2针并1针，下针14针；（共56针）

第52~54行：平针编织3行；（共56针）

第55行：下针1针，【下针4针，左上2针并1针】9次，下针1针；（共47针）

第56行：上针1行；（共47针）

第57行：下针1针，【下针3针，左上2针并1针】9次，下针1针；（共38针）

第58行：上针1行；（共38针）

第59行：下针1针，【下针2针，左上2针并1针】9次，下针1针；（共29针）

第60行：上针1行；（共29针）

第61行：下针1针，【下针1针，左上2针并1针】9次，下针1针；（共20针）

第62行：上针1行；（共20针）

第63行：下针1针，【左上2针并1针】9次，下针1针；（共11针）

• 捆绑收针后留出足够缝合的长度并剪断

喙

• 用金棕色线起14针

第1~2行：下针起头，平针编织2行；（共14针）

第3行：下针1针，【左上2针并1针，下针2针，右上2针并1针】2次，下针1针；（共10针）

• 上针收针

脚（2片）

• 用金棕色线起13针

第1行：上针1行；（共13针）

第2行：下针1针，【下针1针，下针1针放2针的加针，下针2针】3次；（共16针）

第3~5行：平针编织3行；（共16针）

第6行：下针1针，【左上2针并1针，下针3针，右上2针并1针】2次，下针1针；（共12针）

第7行：上针1行；（共12针）

第8行：下针1针，【左上2针并1针，下针1针，右上2针并1针】2次，下针1针；（共8针）

• 上针收针

翅膀（2片）

• 用淡紫色线起13针

第1行：上针1行；（共13针）

第2行：下针1针，【下针1针，下针1针放2针的加针，下针2针】3次；（共16针）

第3~13行：平针编织11行；（共16针）

第14行：下针1针，【左上2针并1针，下针3针，右上2针并1针】2次，下针1针；（共12针）

第15行：上针1行；（共12针）

第16行：下针1针，【左上2针并1针，下针1针，右上2针并1针】2次，下针1针；（共8针）

• 上针收针

鱼

• 用水蓝色线起14针

第1行：上针1行；（共13针）

第2行：下针3针，下针1针放2针的加针，下针6针，下针1针放2针的加针，下针3针；（共16针）

第3行：上针1行；（共16针）

第4行：下针1针，下针1针放2针的加针，下针7针，下针1针放2针的加针，下针6针；（共18针）

第5行：上针1行；（共18针）

第6行：下针1针，【下针3针，下针1针放2针的加针】4次，下针1针；（共22针）

第7~17行：平针编织11行；（共22针）

第18行：下针1针，左上2针并1针，下针6针，右上2针并1针，左上2针并1针，下针6针，右上2针并1针，下针1针；（共18针）

第19行：上针1针，上针右上2针并1针，上针4针，上针左上2针并1针，上针右上2针并1针，上针4针，上针左上2针并1针，上针1针；（共14针）

第20行：下针1针，左上2针并1针，下针2针，右上2针并1针，左上2针并1针，下针2针，右上2针并1针，下针1针；（共10针）

第21行：上针1行；（共10针）

第22行：下针1针，【下针1针放2针的加针】8次，下针1针；（共18针）

第23~25行：平针编织3行；（共18针）

• 下针收针

水桶

• 用2.75mm棒针和红褐色线起25针

环状编织第1~5行：下针5行；（共25针）

环状编织第6行：【下针5针，向左扭针加针】5次；（共30针）

环状编织第7~11行：下针5行；（共30针）

环状编织第12行：【下针3针，向左扭针加针，下针3针】5次；（共35针）

环状编织第13~19行：下针7行；（共35针）

环状编织第20行：上针1行；（共35针）

环状编织第21~27行：下针7行；（共35针）

环状编织第28行：【下针5针，左上2针并1针】5次；（共30针）

环状编织第29~33行：下针5行；（共30针）

环状编织第34行：【下针4针，左上2针并1针】5次；（共25针）

环状编织第35~39行：下针5行；（共25针）

环状编织第40行：上针1行；（共25针）

环状编织第41行：下针1行；（共25针）

环状编织第42行：【下针3针，左上2针并1针】5次；（共20针）

环状编织第43行：下针1行；（共20针）

环状编织第44行：【左上2针并1针】10次；（共10针）

环状编织第45行：下针1行；（共10针）

• 捆绑收针

※ 围巾请参考第170~171页

编织图 ×××××

身体、脸

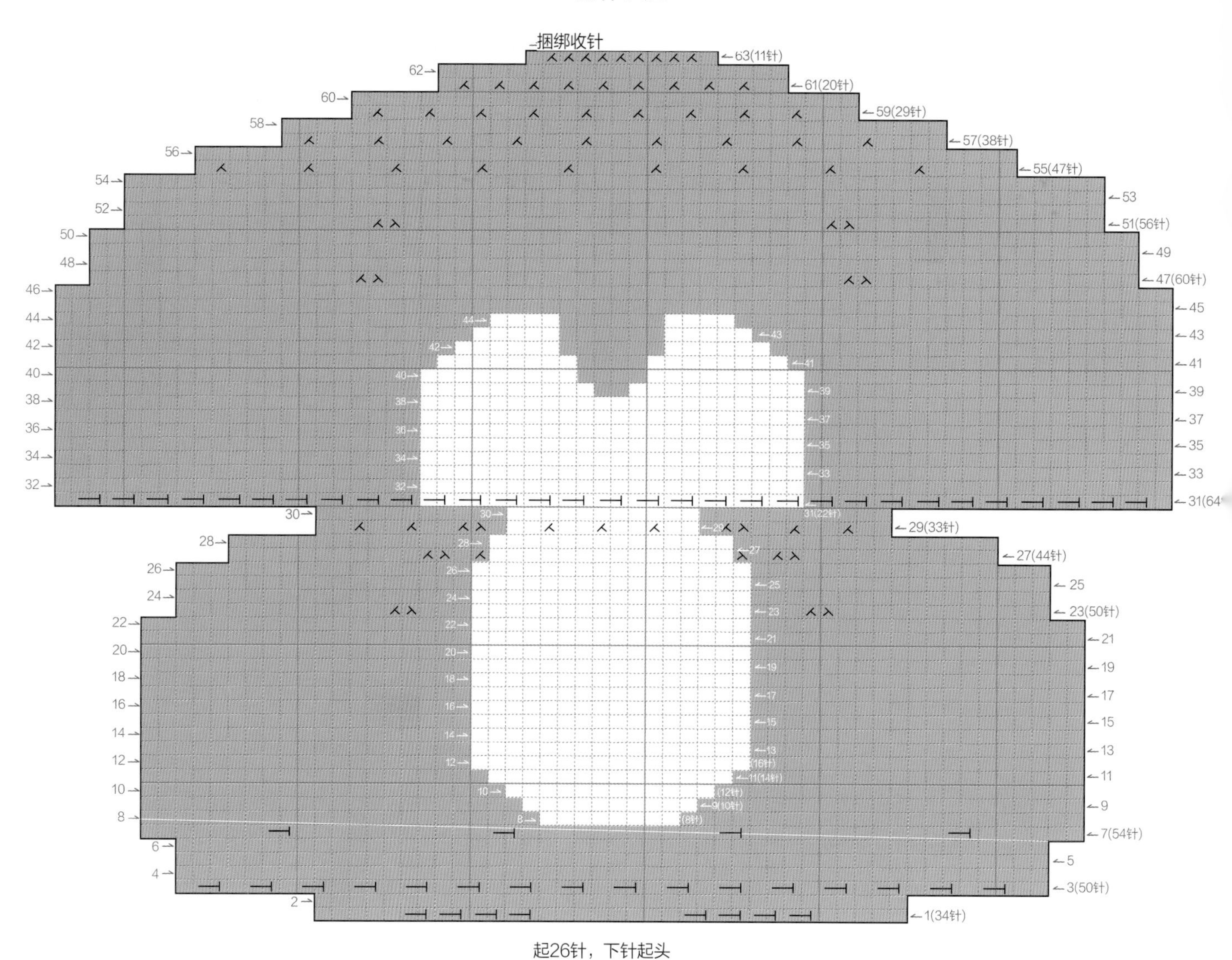

▯＝□	下针 (K)
⊟	上针 (P)
	下针1针放2针的加针 (kfb)
	上针1针放2针的加针 (pfb)
	下针向左扭针加针 (M1L)
	下针向右扭针加针 (M1R)
	下针左上2针并1针 (k2tog)
	上针左上2针并1针 (p2tog)
	下针右上2针并1针 (skpo)
	上针右上2针并1针 (ssp)

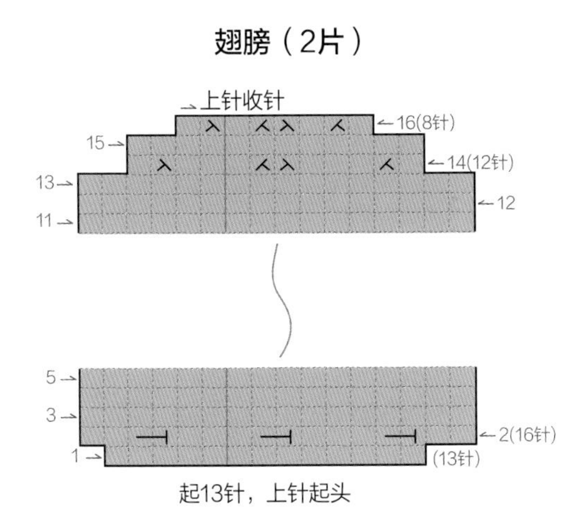

翅膀（2片）
上针收针
16(8针)
15
14(12针)
13
12
11
5
3
2(16针)
1
(13针)
起13针，上针起头

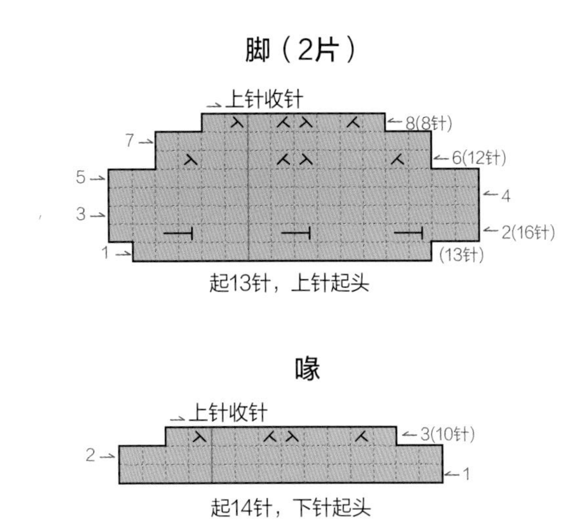

脚（2片）
上针收针
8(8针)
7
6(12针)
5
4
3
2(16针)
1
(13针)
起13针，上针起头
喙
上针收针
3(10针)
2
1
起14针，下针起头

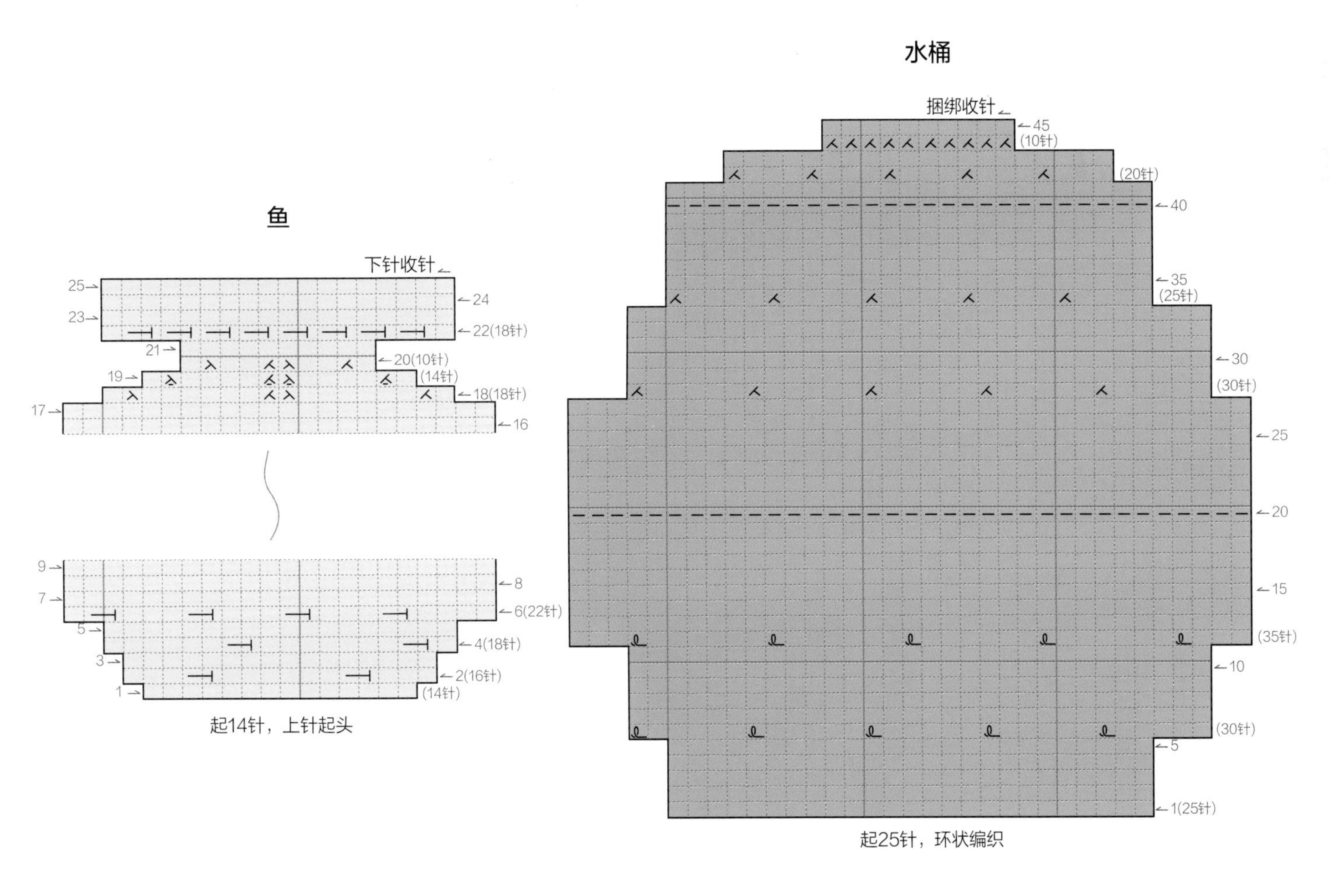

鱼
下针收针
25
24
23
22(18针)
21
20(10针)
19
(14针)
18(18针)
17
16
9
8
7
6(22针)
5
4(18针)
3
2(16针)
1
(14针)
起14针，上针起头
水桶
捆绑收针
45
(10针)
(20针)
40
35
(25针)
30
(30针)
25
20
15
(35针)
10
(30针)
5
1(25针)
起25针，环状编织

缝合身体

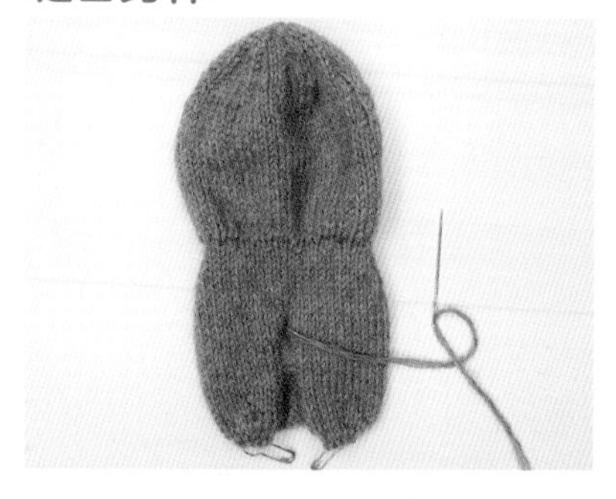

1. 从捆绑收针的位置开始缝合。

※不要一直缝合至起始行再放入棉花，缝合至还剩三分之一的长度时放入脸部的棉花，再继续缝合至起始行，最后放入身体的棉花。

2. 放入棉花后的样子。

3. 将起始行收紧缝合。记号扣所在的位置为起点和终点，因为此时会产生新的一行所以要注意不要把线拉得太紧。

4. 将针依次穿入脸部的加针行（第31行）的前一行（第30行）。

5. 最大限度地拉紧并打结。

6. 将针插入打结的位置并从远处穿出，拉紧线把结藏入玩偶内部。

7. 轻拉线并剪断。

组装翅膀

8. 将翅膀从起针行开始缝合至收针行。

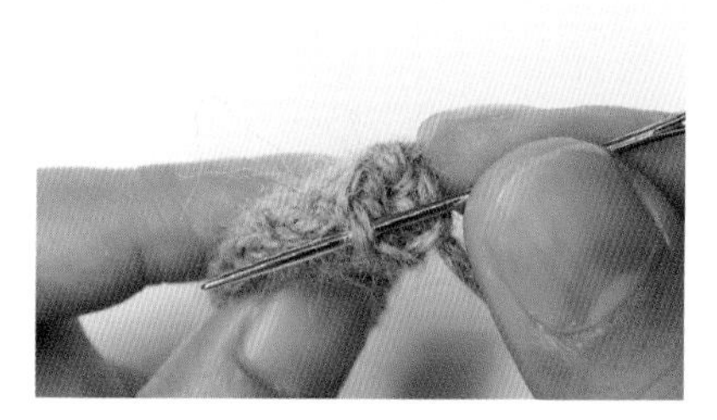

9. 用缝针将收针行（翅膀的尾部）收紧缝合，最后拉紧。

10. 用珠针将翅膀固定在脸和脖子的分界线，用水消笔描边画出缝合线，按照缝合线进行缝合。

11. 将翅膀的起始行缝合在身体上。

12. 一边缝合一边拉紧线，缝合翅膀下面时将翅膀抬起来进行缝合。

组装喙

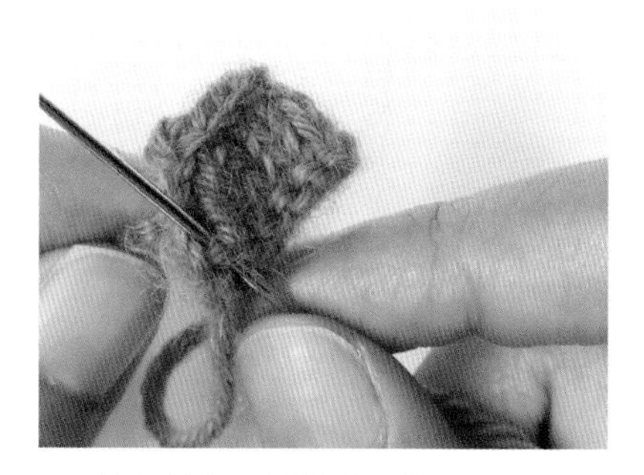

13. 从起针行平针缝合至收针行。

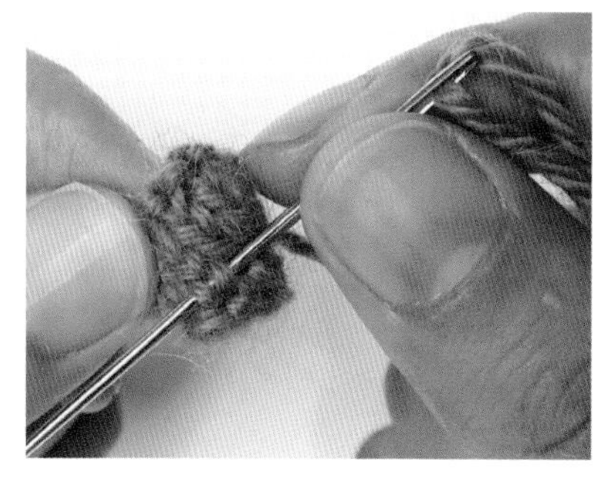

14. 将收针行（窄的一边）收紧缝合，因为此时会产生新的一行所以要注意不要把线拉得太紧。

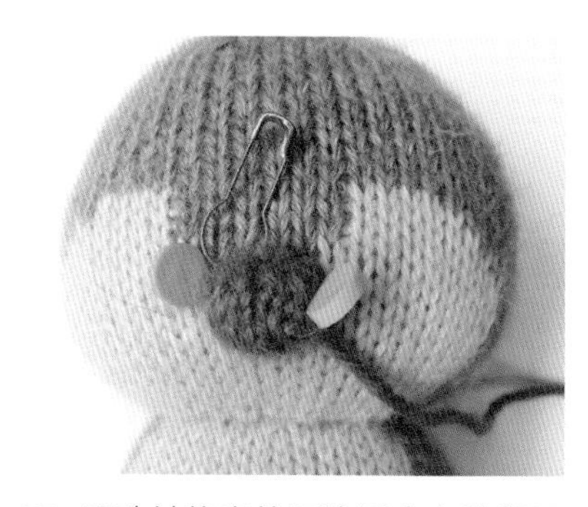

15. 用珠针将喙的下边固定在脸部开始加针的行（第31行）往上6行的位置，用水消笔描边画出缝合线。

16. 将喙的最下面一行沿同一方向与脸部缝合，缝合时注意拉紧线以隐藏缝合痕迹。

组装脚

17. 将脚从收针行开始缝合至起针行。

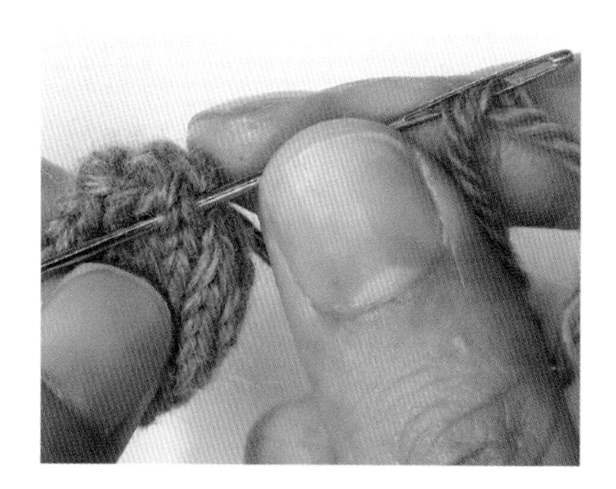

18. 将起针行（宽的一边）收紧缝合，因为此时会产生新的一行所以要注意不要把线拉得太紧。

绣五官

19. 往脚中填充棉花，并用珠针将脚固定在第3行加针的位置，双脚间隔4针，用水消笔描边画出缝合线并缝合。

20. 将眼睛缝在脸部开始加针的行（第31行）往上11行，中心往左右两边各数4针的位置。

21. 用布艺彩色铅笔或布艺墨水涂上腮红。

制作鱼

22. 将鱼由起针行缝合至收针行。

23. 将平针缝合产生的结放在最边沿，收紧缝合收针行底部。

24. 将起针行（宽的一边）收紧缝合，因为此时会产生新的一行所以要注意不要把线拉得太紧。

25. 将5mm的纽扣眼睛缝在鱼脸的两侧。

制作水桶

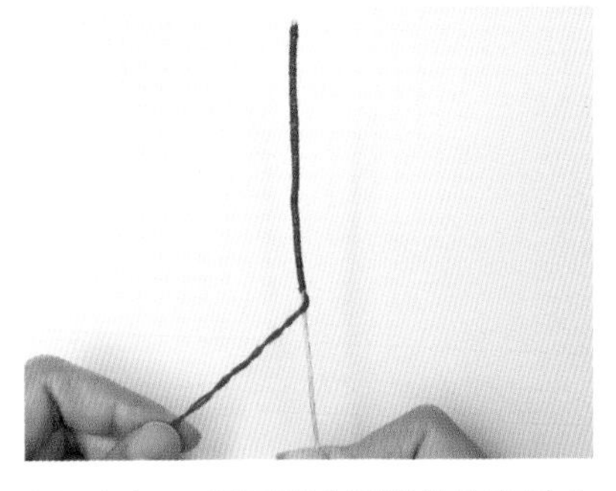

26. 在1mm手工用金属丝的表面贴上双面胶并缠上线。

27. 将金属丝掰成扶手的形状。

28. 将水桶按照编织图织好后对折，将起始行折进里面。

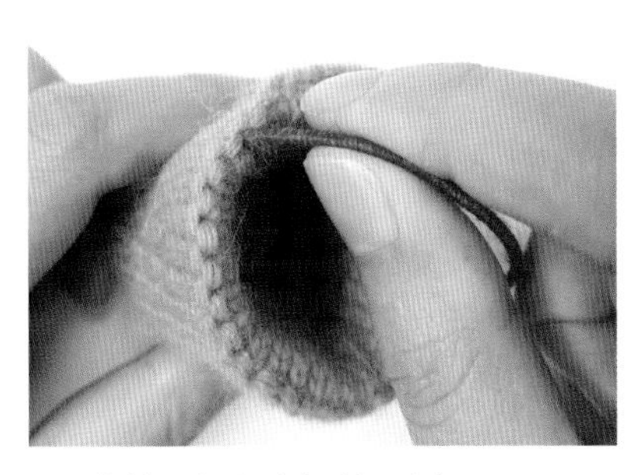

29. 将扶手插入水桶的两侧。

09 考拉可可和奇可

×××××

妈妈可可是一位作家，最近正在为孩子奇可写童话。

淘气包奇可在妈妈写文章的时候经常会惹出各种麻烦妨碍妈妈的工作。

预览

可可

奇可

准备材料

大小：可可15cm，奇可9cm

线：婴羊驼毛 DK（King cole Baby Alpaca DK），淡紫色、象牙白色；Rowan Kid Classic 酒红色

针：可可2.5mm棒针
奇可2.25mm棒针

密度：平针编织 31针×39行（10cm×10cm）

其他：5mm和7mm玩偶眼睛、毛线缝针、棉花、刺绣线（可可色）、防解别针、记号扣、气消笔（或水消笔）、布艺彩色铅笔（或布艺墨水）、珠针、钳子

工具和针法：参考第187~216页

编织说明使用方法

- 同一行中重复针法用“【 】×次”表示。
- 有配色的部分用与线颜色相近的文字标记。

编织图使用方法

- 编织图用符号表示正面花形，编织时正面按照符号编织，反面则应编织与符号相反的针法。
- 编织图两侧的箭头表示行针方向，数字表示行数和针数。
- 需要使用记号扣的位置请参考编织说明。

编织说明 PATTERN ×××××

可可

・2.5mm棒针

右腿

*用淡紫色线起12针

第1行：上针12针；（共12针）

第2行：下针1针，【下针1针放2针的加针】10次，下针1针；（共22针）

第3~5行：平针编织3行；（共22针）

・在第5行的第1针和第2针之间、第21针和第22针之间用记号扣或其他颜色的线标记**

・断线，将织物移动到防解别针或其他针上

左腿

・重复右腿部分的*到**

・不断线，保持原状

身体

・连接双腿：织完左腿继续织右腿

第6行：在左腿第22针的位置织下针20针，右上2针并1针，继续织刚刚放在其他针上的右腿，左上2针并1针，下针20针；（共42针）

第7行：上针1行；（共42针）

第8行：下针1针，【下针3针，下针1针放2针的加针】10次，下针1针；（共52针）

第9~18行：平针编织10行；（共52针）

・从第19行到第31行要用淡紫色线和象牙白色线进行配色

・象牙白色线用（白），淡紫色用（紫）进行标记

第19行：（紫）上针23针，（白）上针6针，（紫）上针23针；（共52针）

第20行：（紫）下针22针，（白）下针8针，（紫）下针22针；（共52针）

第21行：（紫）上针21针，（白）上针10针，（紫）上针21针；（共52针）

第22行：（紫）下针20针，（白）下针12针，（紫）下针20针；（共52针）

第23行：（紫）上针19针，（白）上针14针，（紫）上针19针；（共52针）

第24行：（紫）下针12针，（紫）右上2针并1针，（紫）左上2针并1针，（紫）下针3针，（白）下针14针，（紫）下针3针，（紫）右上2针并1针，（紫）左上2针并1针，（紫）下针12针；（共48针）

第25行：（紫）上针17针，（白）上针14针，（紫）上针17针；（共48针）

第26行：（紫）下针17针，（白）下针14针，（紫）下针17针；（共48针）

第27行：（紫）上针17针，（白）上针14针，（紫）上针17针；（共48针）

第28行：（紫）下针11针，（紫）右上2针并1针，（紫）左上2针并1针，（紫）下针2针，（白）下针14针，（紫）下针2针，（紫）右上2针并1针，（紫）左上2针并1针，（紫）下针11针；（共44针）

第29行：（紫）上针16针，（白）上针12针，（紫）上针16针；（共44针）

第30行：（紫）下针17针，（白）下针10针，（紫）下针17针；（共44针）

第31行：（紫）上针18针，（白）上针8针，（紫）上针18针；（共44针）

・剪断象牙白色线，只用淡紫色线织

第32行：【下针2针，左上2针并1针】2次，下针2针，右上2针并1针，左上2针并1针，下针3针，左上2针并1针，【下针2针，左上2针并1针】2次，下针3针，右上2针并1针，左上2针并1针，【下针2针，左上2针并1针】2次，下针2针；（共33针）

第33行：上针1行；（共33针）

脸

第34行：下针1针，【下针1针放2针的加针】31次，下针1针；（共64针）

第35~39行：平针编织10行；（共64针）

・在第39行的中间位置（第32针和第33针之间）挂上记号扣

第40~51行：平针编织12行；（共64针）

第52行：下针15针，右上2针并1针，左上2针并1针，下针26针，右上2针并1针，左上2针并1针，下针15针；（共60针）

第53~55行：平针编织3行；（共60针）

第56行：下针14针，右上2针并1针，左上2针并1针，下针24针，右上2针并1针，左上2针并1针，下针14针；（共56针）

第57~59行：平针编织3行；（共56针）

第60行：下针1针，【下针4针，左上2针并1针】9次，下针1针；（共47针）

第61行：上针1行；（共47针）

第62行：下针1针，【下针3针，左上2针并1针】9次，下针1针；

（共38针）

第63行：上针1行；（共38针）

第64行：下针1针，【下针2针，左上2针并1针】9次，下针1针；（共29针）

第65行：上针1行；（共29针）

第66行：下针1针，【下针1针，左上2针并1针】9次，下针1针；（共20针）

第67行：上针1行；（共20针）

第68行：下针1针，【左上2针并1针】9次，下针1针；（共11针）

• 捆绑收针后，留出可以用于缝合的长度并断线

胳膊（2片）

• 用淡紫色线起8针

第1行：上针1行；（共8针）

第2行：下针1针，向右扭针加针，下针6针，向左扭针加针，下针1针；（共10针）

第3行：上针1行；（共10针）

第4行：下针1针，向右扭针加针，下针8针，向左扭针加针，下针1针；（共12针）

第5行：上针1行；（共12针）

第6行：【下针1针，向右扭针加针】2次，下针8针，【向左扭针加针，下针1针】2次；（共16针）

• 在第6行的第1针和第2针之间、最后一针和倒数第二针之间用记号扣或其他颜色的线标记

第7~17行：平针编织11行；（共16针）

第18行：下针1针，【左上2针并1针】7次，下针1针；（共9针）

• 捆绑收针

耳朵（2片）

• 用淡紫色线起14针

第1行：下针1针，线圈针12针，下针1针；（共14针）

第2行：下针6针，【下针1针放2针的加针】2次，下针6针；（共16针）

第3行：下针1针，线圈针14针，下针1针；（共16针）

第4行：下针6针，【下针1针放2针的加针】4次，下针6针；（共20针）

第5行：下针1针，线圈针18针，下针1针；（共20针）

第6行：下针20针；（共20针）

第7行：下针1针，线圈针18针，下针1针；（共20针）

第8行：下针6针，【左上2针并1针】4次，下针6针；（共16针）

• 换象牙白色线

第9行：下针1针，线圈针14针，下针1针；（共16针）

第10行：下针6针，【左上2针并1针】2次，下针6针；（共14针）

第11行：下针1针，线圈针12针，下针1针；（共14针）

• 下针收针

鼻子（2片）

• 用酒红色线起8针

第1行：上针1行；（共8针）

第2~3行：平针编织2行；（共8针）

第4行：下针1针，左上2针并1针，下针2针，左上2针并1针，下针1针；（共6针）

第5~7行：平针编织3行；（共6针）

第8行：下针1针，【左上2针并1针】2次，下针1针；（共4针）

• 捆绑收针

奇可

• 2.25mm棒针

右腿

*用淡紫色线起8针

第1行：上针1行；（共8针）

第2行：下针1针，【下针1针放2针的加针】6次，下针1针；（共14针）

第3行：上针1行；（共14针）

• 在第3行的第1针和第2针之间、倒数第1针和倒数第2针之间用记号扣或其他颜色的线标记**

• 断线，将织物移动到防解别针或其他针上

左腿

• 重复右腿部分的*到**

• 不断线，保持原状

身体

• 连接双腿：织完左腿继续织右腿

第4行：在左腿第14针的位置织下针12针，右上2针并1针，

继续织刚刚放在其他针上的右腿，左上2针并1针，下针12针；（共26针）

第5行：上针1行；（共26针）

第6行：下针1针，【下针3针，下针1针放2针的加针】6次，下针1针；（共32针）

第7~13行：平针编织7行；（共32针）

- 从第14行到第22行要用紫色线和象牙白色线进行配色
- 象牙白色线用（白），淡紫色用（紫）进行标记

第14行：（紫）下针14针，（白）下针4针，（紫）下针14针；（共32针）

第15行：（紫）上针13针，（白）上针6针，（紫）上针13针；（共32针）

第16行：（紫）下针12针，（白）下针8针，（紫）下针12针；（共32针）

第17行：（紫）上针12针，（白）上针8针，（紫）上针12针；（共32针）

第18行：（紫）下针6针，（紫）右上2针并1针，（紫）左上2针并1针，（紫）下针2针，（白）下针8针，（紫）下针2针，（紫）右上2针并1针，（紫）左上2针并1针，（紫）下针6针；（共28针）

第19行：（紫）上针10针，（白）上针8针，（紫）上针10针；（共28针）

第20行：（紫）下针10针，（白）下针8针，（紫）下针10针；（共28针）

第21行：（紫）上针10针，（白）上针8针，（紫）上针10针；（共28针）

第22行：（紫）【下针1针，左上2针并1针】3次，（紫）下针1针，（白）【左上2针并1针，下针1针】2次，（白）左上2针并1针，（紫）【下针1针，左上2针并1针】3次，（紫）下针1针；（共19针）

- 剪断象牙白色线，只用淡紫色线织

第23行：上针1行；（共19针）

脸

第24行：下针1针，【下针1针放2针的加针】17次，下针1针；（共36针）

第25行：上针1行；（共36针）

第26行：下针11针，向右扭针加针，下针2针，向右扭针加针，下针10针，向左扭针加针，下针2针，向左扭针加针，下针11针；（共40针）

第27~39行：平针编织13行；（共40针）

第40行：下针10针，左上2针并1针，下针16针，左上2针并1针，下针10针；（共38针）

第41行：上针1行；（共38针）

第42行：下针1针，【下针2针，左上2针并1针】9次，下针1针；（共29针）

第43行：上针1行；（共29针）

第44行：下针1针，【下针1针，左上2针并1针】9次，下针1针；（共20针）

第45行：上针1行；（共20针）

第46行：下针1针，【左上2针并1针】9次，下针1针；（共11针）

- 捆绑收针后，留出可以用于缝合的长度并断线

胳膊（2片）

- 用淡紫色线起6针

第1行：上针1行；（共6针）

第2行：下针1针，向右扭针加针，下针4针，向左扭针加针，下针1针；（共8针）

第3行：上针1行；（共8针）

第4行：下针1针，向右扭针加针，下针6针，向左扭针加针，下针1针；（共10针）

第5行：上针1行；（共10针）

第6行：下针1针，向右扭针加针，下针8针，向左扭针加针，下针1针；（共12针）

- 在第6行的第1针和第2针之间、最后一针和倒数第二针之间用记号扣或其他颜色的线标记

第7~11行：平针编织5行；（共12针）

第12行：下针1针，【左上2针并1针】5次，下针1针；（共7针）

- 捆绑收针

耳朵（2片）

- 用淡紫色线起10针

第1行：下针1针，线圈针8针，下针1针；（共10针）

第2行：下针4针，【下针1针放2针的加针】2次，下针4针；（共12针）

第3行：下针1针，线圈针10针，下针1针；（共12针）

- 换象牙白色线

第4行：下针4针，【左上2针并1针】2次，下针4针；（共10针）

第5行：下针1针，线圈针8针，下针1针；（共10针）

- 下针收针

编织图 ×××××

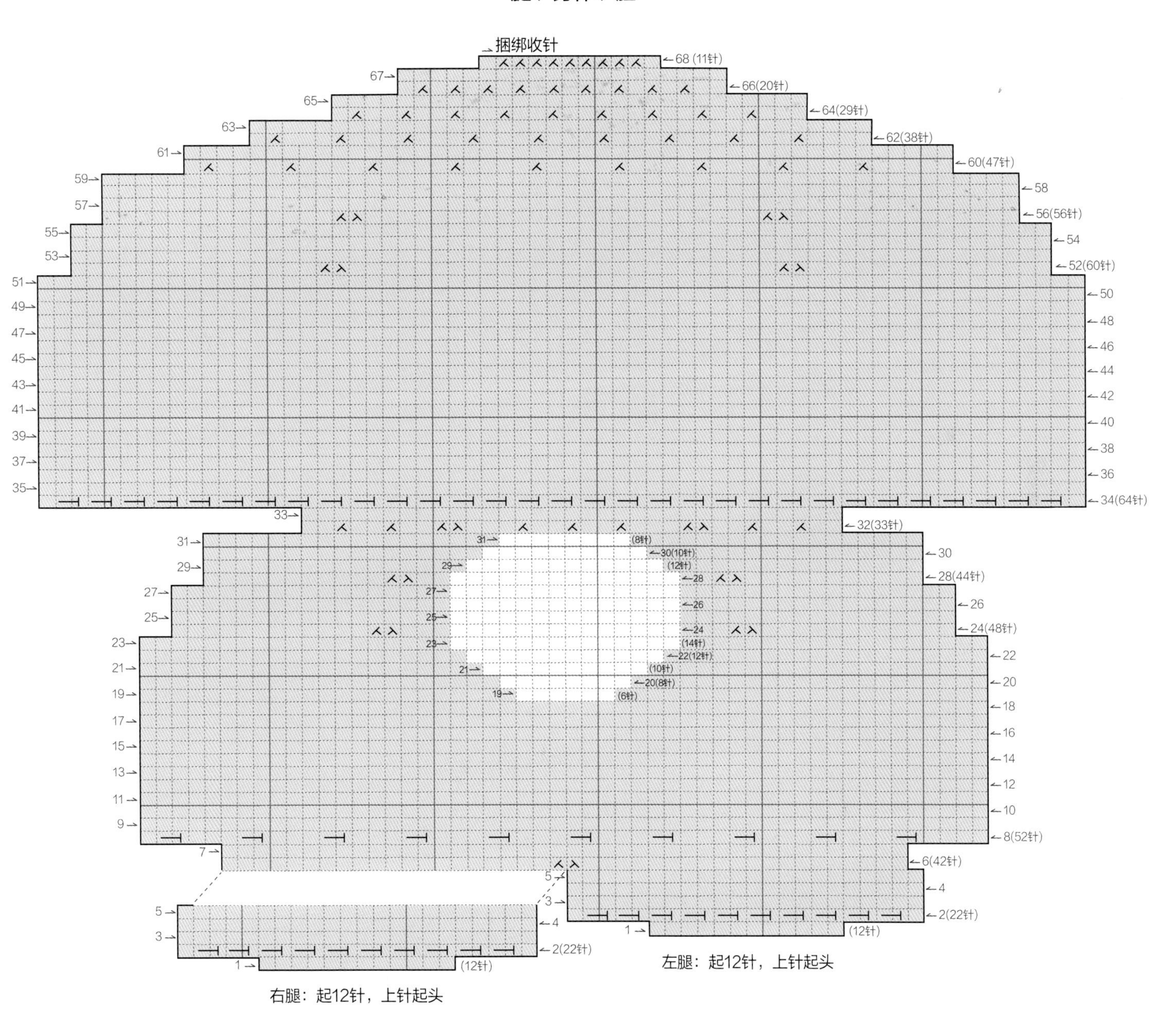

= 下针 (K)

上针 (P)

下针1针放2针的加针 (kfb)

上针1针放2针的加针 (pfb)

下针左上2针并1针 (k2tog)

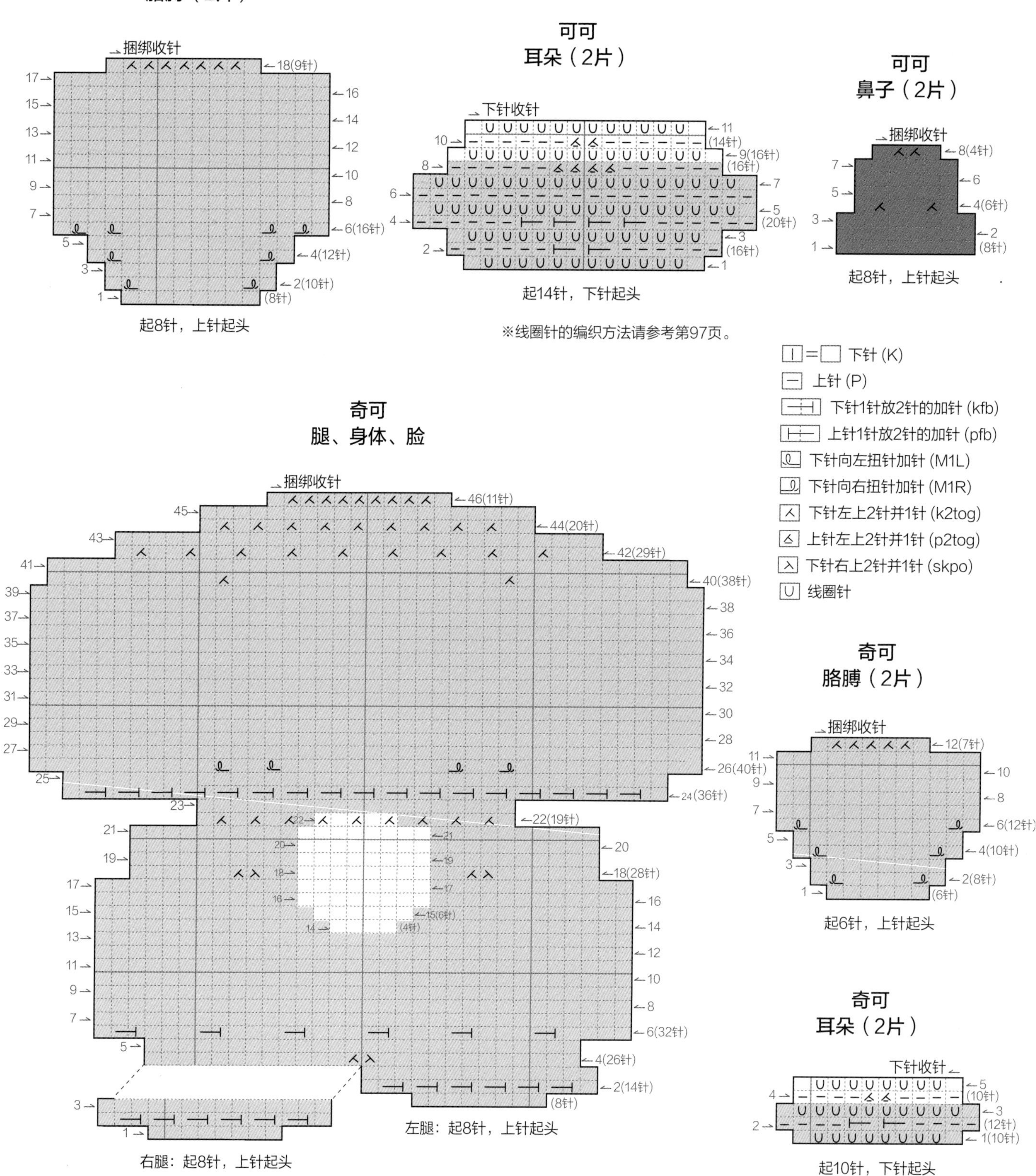

可可
胳膊（2片）
捆绑收针
18(9针)
6(16针)
4(12针)
2(10针)
(8针)
起8针，上针起头
可可
耳朵（2片）
下针收针
(14针)
9(16针)
(16针)
5
(20针)
3
(16针)
起14针，下针起头
※线圈针的编织方法请参考第97页。
可可
鼻子（2片）
捆绑收针
8(4针)
4(6针)
2
(8针)
起8针，上针起头
= 下针 (K)
上针 (P)
下针1针放2针的加针 (kfb)
上针1针放2针的加针 (pfb)
下针向左扭针加针 (M1L)
下针向右扭针加针 (M1R)
下针左上2针并1针 (k2tog)
上针左上2针并1针 (p2tog)
下针右上2针并1针 (skpo)
线圈针
奇可
腿、身体、脸
捆绑收针
46(11针)
44(20针)
42(29针)
40(38针)
26(40针)
24(36针)
22(19针)
18(28针)
15(6针)
(4针)
6(32针)
4(26针)
2(14针)
(8针)
左腿：起8针，上针起头
右腿：起8针，上针起头
奇可
胳膊（2片）
捆绑收针
12(7针)
6(12针)
4(10针)
2(8针)
(6针)
起6针，上针起头
奇可
耳朵（2片）
下针收针
(10针)
3
(12针)
1(10针)
起10针，下针起头

制作可可 – 组装鼻子

1. 从捆绑收针的位置开始缝合至起始行。

※ 基础款身体请参考第16～19页

2. 少放一些棉花后将起始行收紧缝合。

3. 将鼻子的下端中点与第39行记号扣所在的位置对齐，用水消笔描出接触面的边线。

4. 将水消笔画出的线用作缝合线。

5. 将鼻子缝合在脸上，一边缝合一边拉紧线以隐藏缝合痕迹。

绣五官

6. 将眼睛缝在加针行（第34行）往上数10行的中心往左右两边各数4针半的位置上，双眼间隔9针。用水消笔画出嘴巴和眉毛的位置。

7. 将眉毛绣在眼睛上2～3行的位置上，嘴巴绣在脸部开始加针行（第34行）上方1～2行的位置上。

8. 用布艺彩色铅笔或布艺墨水涂上腮红。

制作奇可 – 绣五官

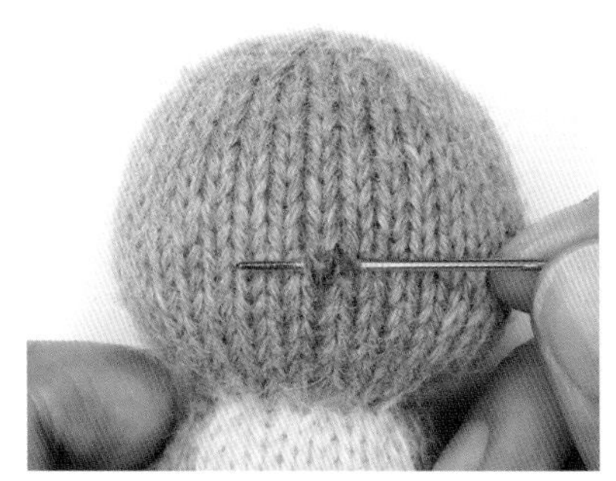

1. 鼻子位于脸部开始加针的行（第23行）往上6行的位置。

2. 鼻子的宽度为1针半，注意绣出鼻子的厚度。

3. 将眼睛（5号纽扣眼睛）缝在鼻子往左右两边各数2针半的位置上，嘴巴绣在脸部开始加针的行（第23行）往上数1～2行的位置上。

4. 将眉毛绣在眼睛往上数1～2行的位置上。用布艺彩色铅笔或布艺墨水涂上腮红。

组装耳朵

5. 将耳朵对折并在耳朵后面竖直缝合。

6. 将耳朵对折并在耳朵前面竖直缝合。

7. 用剪刀将所有线圈从中间剪断。

8. 将剪断的线圈梳散。

9. 用珠针将耳朵固定在脸部两侧的中间并用水消笔描边画出缝合线。

10. 将耳朵缝合在脸上。

※ 可可耳朵的组装请参考奇可的耳朵

线圈针 U

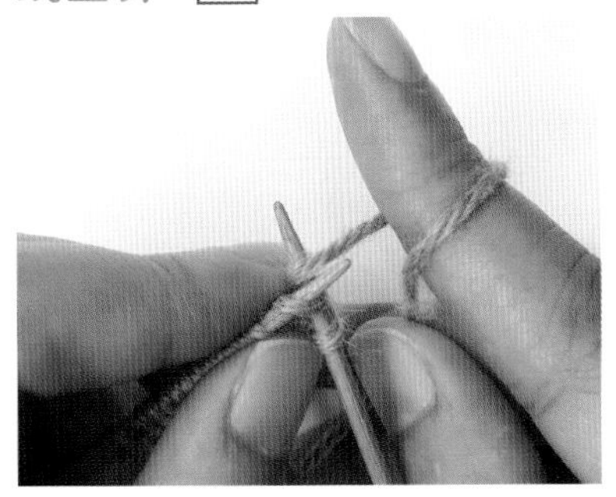

1. 像织下针一样插入右棒针。

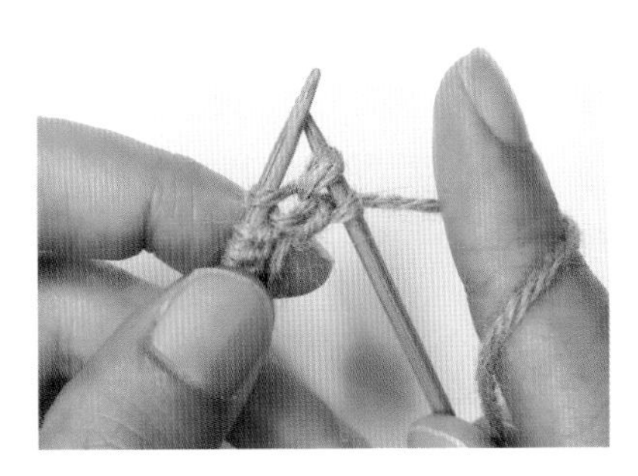

2. 将线绕在针上并从线圈的外侧拉出，不要将右棒针抽出。

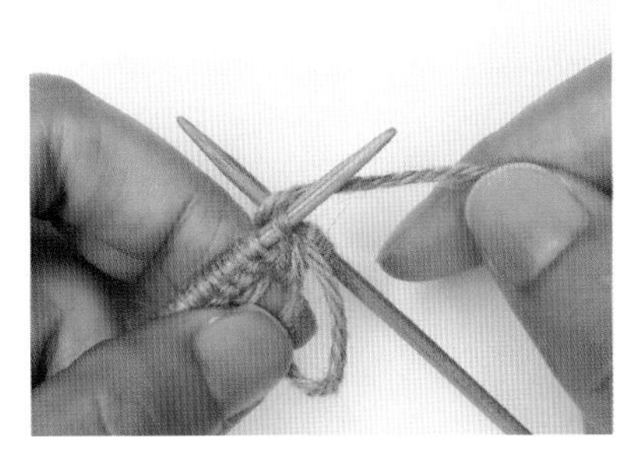

3. 将线放在两根棒针之间并围出所需长度的圈，不要拉线，用手抓住这个圈并再次将棒针插入线圈后方。

4. 将右棒针插入左棒针上的线圈的后侧并织下针。

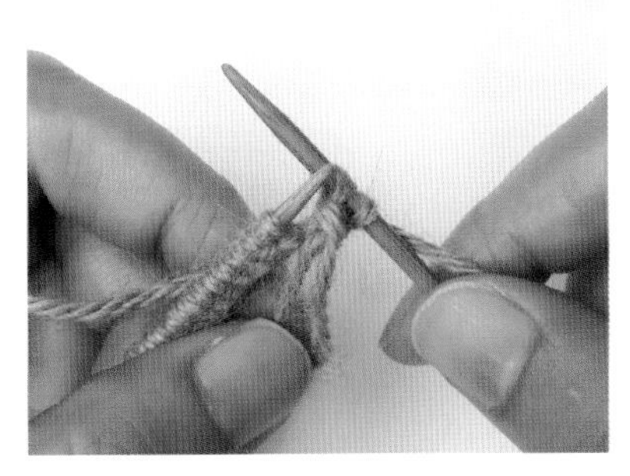

5. 此时织出了一针下针和一针加针，将后面的线圈套在前面的线圈上。

6. 完成1行。

10

狮子里昂

× × × × ×

素食主义者狮子里昂是一位农夫，

它在自己的摊位出售收获的水果和蔬菜。

预览

准备材料

大小：15cm

☑ **狮子**

线：婴羊驼毛 DK（King cole Baby Alpaca DK），米色；婴羊驼毛 DK（Michell Baby Alpaca Indiecita DK），金棕色

针：2.5mm棒针

密度：平针编织 31针×39行（10cm×10cm）

☑ **围巾**

线：Vincent 8p，红色

针：3mm棒针

☑ **摊位**

线：安哥拉山羊毛/马海毛（Super Angora），天蓝色、粉色、亮黄色

针：2.75mm棒针

密度：双罗纹编织 30针×40行（10cm×10cm）

其他：6mm玩偶眼睛、毛线缝针、棉花、刺绣线（棕色）、防解别针、记号扣、气消笔（或水消笔）、布艺彩色铅笔（或布艺墨水）、厚度0.5cm的木板、胶枪、直径2mm的木棒、钳子、珠针

工具和针法：参考第187~216页

编织说明使用方法

- 同一行中重复针法用“【 】×次”表示。
- 有配色的部分用与线颜色相近的文字标记。

编织图使用方法

- 编织图用符号表示正面花形，编织时正面按照符号编织，反面则应编织与符号相反的针法。
- 编织图两侧的箭头表示行针方向，数字表示行数和针数。
- 需要使用记号扣的位置请参考编织说明。

编织说明 PATTERN ×××××

※狮子里昂的右腿、左腿、身体、脸、胳膊和“02 兔子秀秀”一样，参考第26~29页使用米色线编织。

耳朵（2片）

• 用米色线起14针

第1~2行：下针起头，平针编织2行；（共14针）

第3行：下针1针，【左上2针并1针，下针2针，右上2针并1针】2次，下针1针；（共10针）

第4行：上针1行；（共10针）

第5行：下针1针，【左上2针并1针，右上2针并1针】2次，下针1针；（共6针）

• 捆绑收针

鼻子和嘴巴

• 用米色线起5针

第1行：上针1行；（共5针）

第2行：下针1针，向右扭针加针，下针3针，向左扭针加针，下针1针；（共7针）

第3行：上针1行；（共7针）

第4行：下针1针，向右扭针加针，下针5针，向左扭针加针，下针1针；（共9针）

第5~7行：平针编织3行；（共9针）

第8行：下针1针，右上2针并1针，下针3针，左上2针并1针，下针1针；（共7针）

第9行：上针1行；（共7针）

第10行：下针1针，右上2针并1针，下针1针，左上2针并1针，下针1针；（共5针）

• 上针收针

围巾

• 用红色线起50针

• 下针1行；（共50针）

• 下针收针

制作摊位

• 将厚度0.5cm的木板进行如下切割

桌子上面1片：14cm×5cm（长×宽，长方形）

桌子前面、后面各1片：13cm×4.5cm（长×宽，长方形）

桌子侧面2片：2.5cm×4.5cm（长×宽，长方形）

顶棚前面、后面各1片：15cm×13.6cm×5cm（下底×上底×高，梯形）

顶棚上面1片：13.6cm×4cm（长×宽，长方形）

• 用2.75mm棒针进行环状编织

桌子上面

• 用天蓝色线起80针

环状编织第1~21行：下针21行；（共80针）

• 下针收针

桌子前面和后面（各1片）

• 用天蓝色线起74针

环状编织第1~20行：下针20行；（共74针）

• 下针收针

桌子侧面（2片）

• 用天蓝色线起18针

环状编织第1~20行：下针20行；（共18针）

• 下针收针

顶棚

• 用亮黄色线起80针

• 从环状编织第1行到第18行要用亮黄色线和粉色线进行配色

• 亮黄色用（黄），粉色线用（粉）进行标记

• 全部织下针

环状编织第1~3行：{（黄）2针，【（粉）4针，（黄）4针】4次，（粉）4针，（黄）2针} 2次；（共80针）

环状编织第4行：（黄）1针，（黄）向右扭针加针，（黄）1针，【（粉）4针，（黄）4针】4次，（粉）4针，（黄）1针，（黄）向左扭针加针，（黄）1针，【（粉）4针，（黄）4针】4次，（粉）4针，（黄）1针，（黄）向右扭加针，（黄）2针，（黄）向左扭加针，（黄）1针；（共84针）

环状编织第5~7行：{（黄）3针，【（粉）4针，（黄）4针】4次，

（粉）4针，（黄）3针｝2次；（共84针）

环状编织第8行：（黄）1针，（黄）向右扭针加针，（黄）2针，【（粉）4针，（黄）4针】4次，（粉）4针，（黄）1针，（黄）向右扭针加针，（黄）4针，（黄）向左扭加针，（黄）1针，【（粉）4针，（黄）4针】4次，（粉）4针，（黄）2针，（黄）向左扭加针，（黄）1针；（共88针）

环状编织第9~18行：｛【（黄）4针，（粉）4针】5次，（黄）4针｝2次；（共88针）

- 剪断粉色线，只用亮黄色线织

环状编织第19行：下针1行；（共88针）

- 下针收针

顶棚上面

- 用亮黄色线起78针

环状编织第1~17行：下针17行；（共78针）

- 下针收针

编织图 × × × × ×

※ 狮子里昂的右腿、左腿、身体、脸、胳膊和“02 兔子秀秀”一样，参考第26~29页使用米色线编织。

耳朵（2片）

鼻子和嘴巴

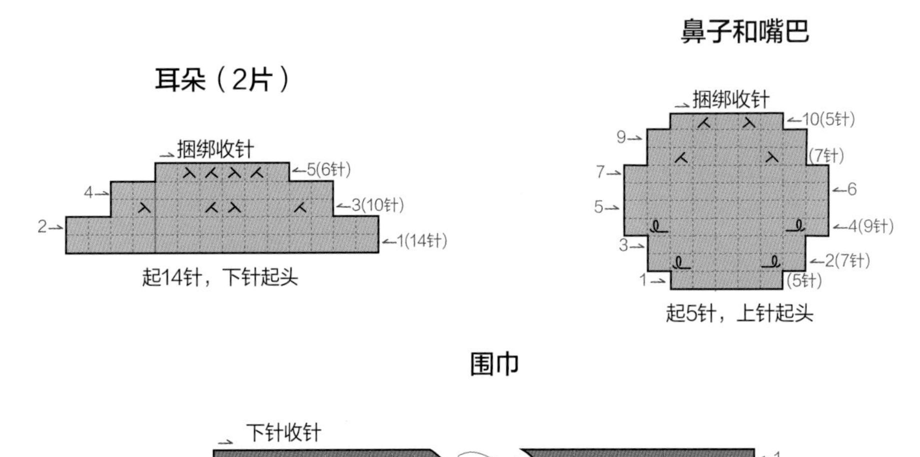

起14针，下针起头

起5针，上针起头

围巾

起50针，下针1行

制作摊位

桌子前面和后面（各1片）

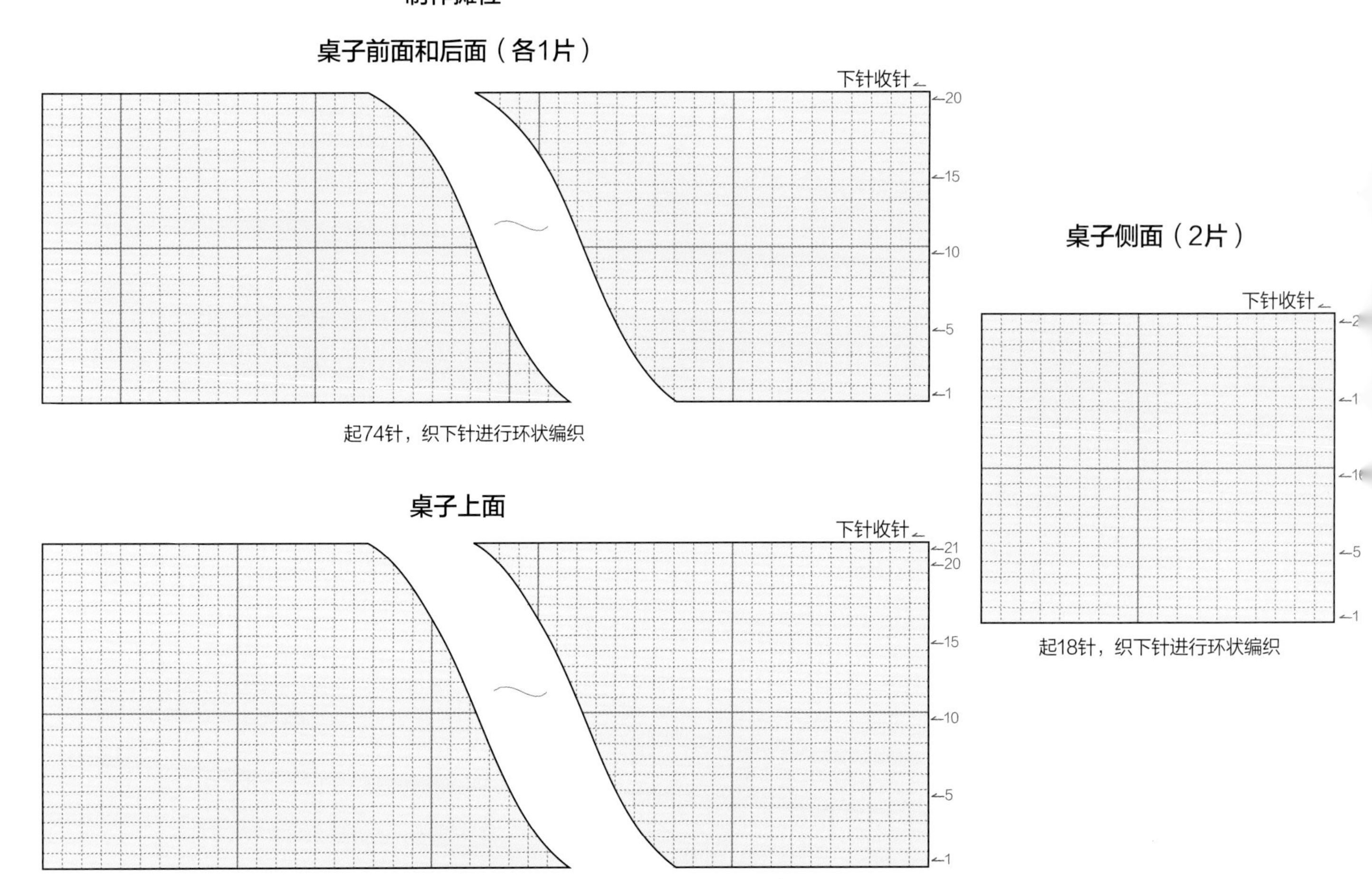

起74针，织下针进行环状编织

起80针，织下针进行环状编织

起18针，织下针进行环状编织

顶棚上面

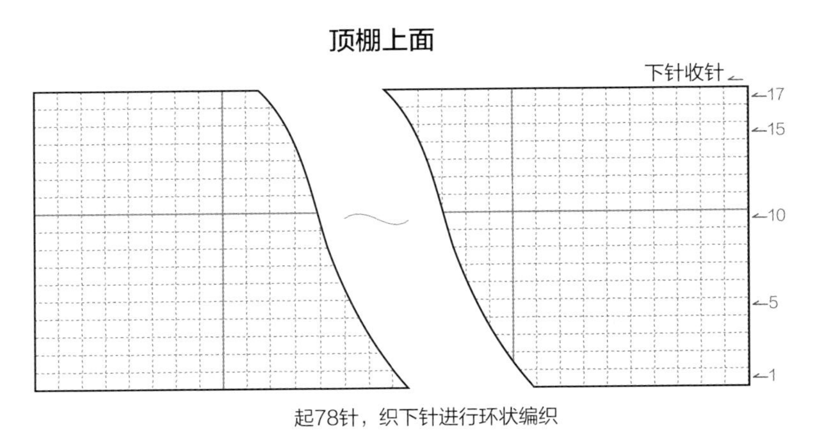

起78针，织下针进行环状编织

顶棚

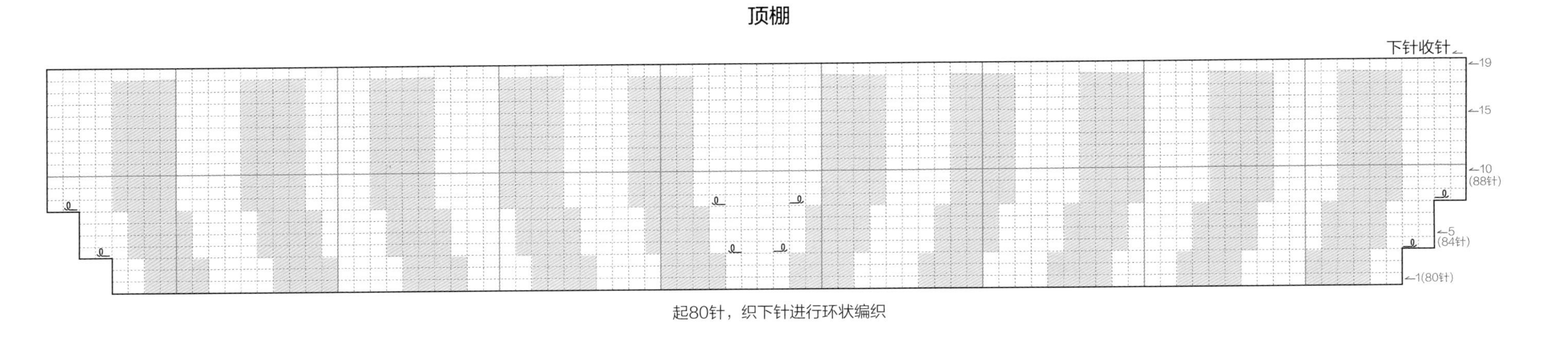

起80针，织下针进行环状编织

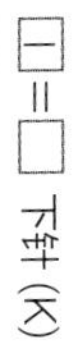

- | = □ 下针 (K)
- — 上针 (P)
- 下针向左扭针加针 (M1L)
- 下针向右扭针加针 (M1R)
- 下针左上2针并1针 (k2tog)
- 下针右上2针并1针 (skpo)

组装耳朵

1. 将耳朵对折并将其从捆绑收针的位置开始缝合至起始行。

※ 基础款身体请参考第16～19页

2. 用珠针将耳朵的下端中心固定在脸两侧第50行减针处往前1～2针、往上1～2行的位置上，用水性笔描边画出缝合线。

3. 将耳朵的最下面一行按照缝合线与脸部缝合，注意边缝合边拉紧线以隐藏缝合痕迹。

组装口鼻

4. 把口鼻下端的中心放在从脸部开始加针的行（第34行）往上数5行（第39行）挂记号扣的位置上，用珠针固定。用水消笔描出口鼻的形状。

5. 用水性笔画出椭圆形的缝合线。

6. 将口鼻按照缝合线与脸部缝合。

7. 边缝合边拉紧线以隐藏缝合痕迹。

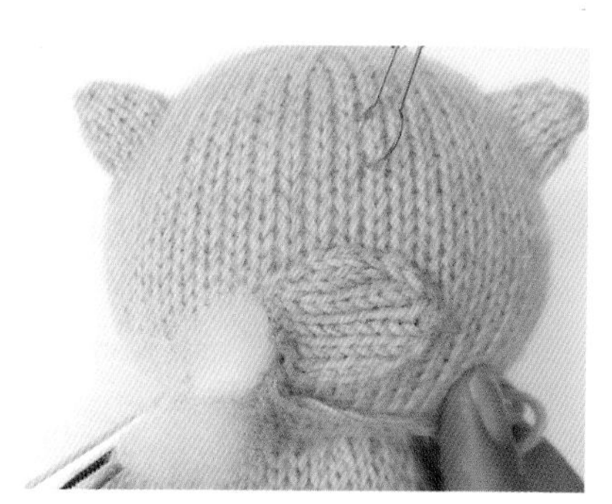

8. 留出一个洞，用钳子放入棉花后将洞口缝合。

绣五官

9. 用水性笔画出五官的位置，嘴巴位于口鼻的最下端，鼻子在口鼻的最上端，眼睛位于加针行（第34行）往上数12行的中心向左右两边各数4针的位置上。

组装毛发

10. 使用飞鸟绣（参考第214页）绣一个倒过来的Y字作为嘴巴。

11. 将鼻子绣出厚度，并在眼睛上方3～4行的位置绣眉毛。

12. 用水性笔画出发际线的正面效果。

13. 用水性笔画出发际线的背面效果。

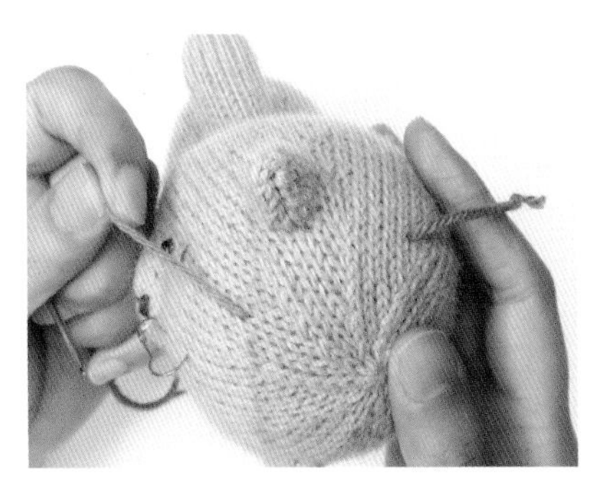

14. 剪一段长线并打结，将针从发际线上一点穿出，拉线，使结藏入玩偶之中。

15. 以穿出位置为基准，从基准点向后半针的位置插入，并从基准点前一针的位置穿出。

16. 此时不要将线完全拉出，留出长度为1.5～1.8cm的圈。

17. 用手指固定住留出的线圈，以确保继续制作头发的过程中不要拉到这个线圈。

18. 将线在针上缠绕几圈并打结。将针插入打结的位置，并从远处穿出。拉紧线，使结藏入玩偶之中。轻拉线并剪断。

组装尾巴

19. 画好的发际线全部穿好头发后，在与原本的发际线间隔3～4mm的位置再次画线并用同样的方法将头发穿插好，一直反复到填满头发为止。

20. 将尾巴的侧边平针缝合。

21. 将剪成多段的线系在一起做成穗子，用钳子将穗子的结放入尾巴。

22. 沿同一方向（由外向内或由内向外）将边沿锁边缝合，最后拉紧并打结。

23. 将尾巴缝合在玩偶背面下部的中心位置上。

系上围巾

24. 将围巾交叉成X形，在交叉处的中心用线缠绕几圈并打结。

组装摊位桌子

25. 将裁好的木板放入各织物之中并将织物锁边缝合。

26. 将桌子的前面和与两个侧面缝合。

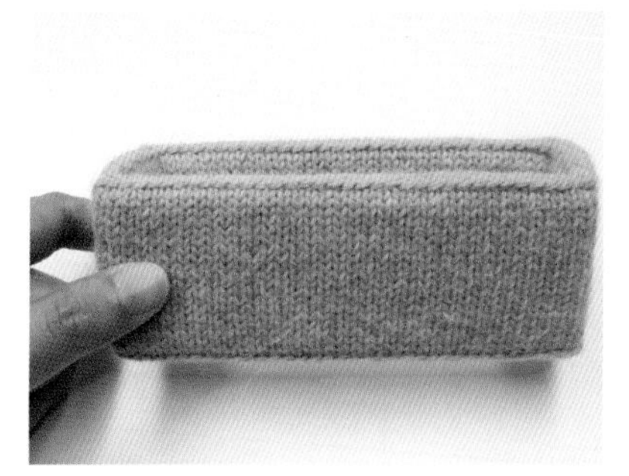

27. 将桌子的两个侧面和后面缝合。

组装顶棚

28. 用胶枪在四边涂上胶并与桌子的上面黏合。

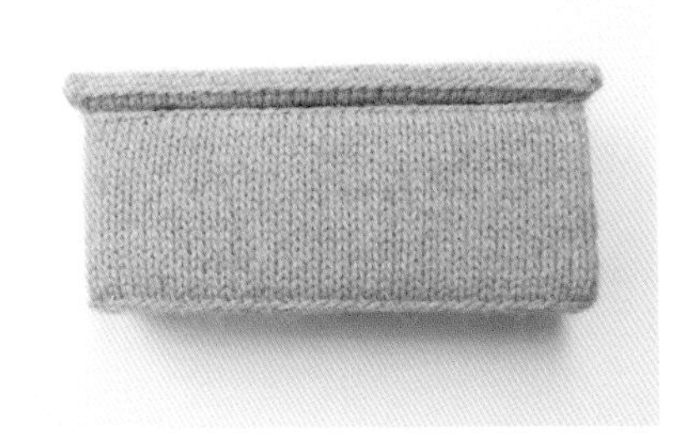

29. 摊位桌子制作完成。

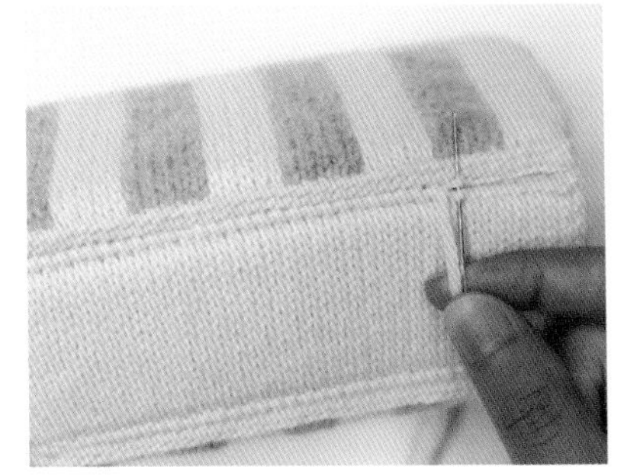

30. 将顶棚的前面和后面各自与顶棚的上面（顶棚的正面）锁边缝合。

31. 将顶棚的内侧横向缝合。顶棚上面的起始行和最后一行与顶棚的前面和后面的第2行用粉色线与黄色线进行平针缝合。

32. 在直径2mm的木棒上粘好双面胶并缠上白色的细线，用来连接摊位的桌子和顶棚。

33. 用水消笔在桌子四角距离边沿1cm的位置画出四个点，并用锥子戳洞。

34. 将木棒插入洞中。

35. 用胶枪将木棒固定在桌子上。

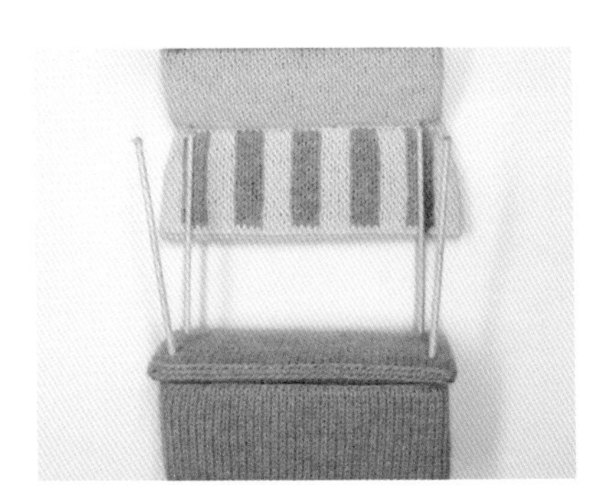

36. 用胶枪将木棒固定在顶棚内侧。

11

小羊一家

× × × × ×

毛茸茸又小巧可爱的小羊一家非常喜欢新鲜的嫩草。
为了找到新鲜的草，它们乘坐着热气球在草原上旅行。

预览

羊宝宝

羊爸爸

羊妈妈

准备材料

☑ **羊妈妈、羊爸爸 7cm，羊宝宝 5.5cm**

线：婴羊驼毛 DK（Michell Baby Alpaca Indiecita DK），象牙白色；羊毛绒线，米色、白色

针：2.5mm棒针

密度：平针编织 31针×39行（10cm×10cm）

羊毛绒线密度：平针编织 23针×35行（10cm×10cm）

其他：5mm玩偶眼睛、毛线缝针、棉花、刺绣线（深褐色）、防解别针、记号扣、气消笔（或水消笔）、布艺彩色铅笔（或布艺墨水）、珠针、钳子

工具和针法：参考第187~216页

编织说明使用方法

- 同一行中重复针法用“【 】×次”表示。
- 有配色的部分用与线颜色相近的文字标记。

编织图使用方法

- 编织图用符号表示正面花形，编织时正面按照符号编织，反面则应编织与符号相反的针法。
- 编织图两侧的箭头表示行针方向，数字表示行数和针数。
- 需要使用记号扣的位置请参考编织说明。

编织说明 PATTERN ×××××

羊爸爸

脸

- 用象牙白色线起14针
- 第7针和第8针之间用记号扣或其他颜色的线标记

第1行：上针1行；（共14针）

第2行：【下针1针，向左扭针加针】13次，下针1针；（共27针）

第3~11行：平针编织9行；（共27针）

- 换羊毛绒线

第12行：下针1行；（共27针）

- 以下用羊毛绒线织的部分正面编织上针

第13~14行：平针编织2行，第1行织下针；（共27针）

第15行：下针1针，【下针4针，下针1针放2针的加针】5次，下针1针；（共32针）

第16~20行：平针编织5行；（共32针）

第21行：下针1针，【左上2针并1针，下针11针，右上2针并1针】2次，下针1针；（共28针）

第22行：上针1行；（共28针）

第23行：下针1针，【左上2针并1针，下针9针，右上2针并1针】2次，下针1针；（共24针）

第24行：上针1行；（共24针）

第25行：【左上2针并1针】12次；（共12针）

- 捆绑收针

身体

- 用米色羊毛绒线起14针
- 第7针和第8针之间用记号扣或其他颜色的线标记
- 将反面当作正面使用

第1行：下针1针，【下针1针放2针的加针】12次，下针1针；（共26针）

第2行：上针1行；（共26针）

第3行：下针1针，【下针1针放2针的加针，下针1针】12次，下针1针；（共38针）

第4~22行：平针编织19行；（共38针）

第23行：下针1针，【下针1针，左上2针并1针，下针1针】9次，下针1针；（共29针）

第24行：上针1行；（共29针）

第25行：下针1针，【下针1针，左上2针并1针】9次，下针1针；（共20针）

第26行：上针1行；（共20针）

- 在第26行的中心（第10针和第11针之间）用记号扣或其他颜色的线标记
- 下针收针

耳朵（2片）

- 用象牙白色线起8针

第1行：上针1行；（共8针）

第2行：下针1针，【下针1针，向左扭针加针】6次，下针1针；（共14针）

第3~5行：平针编织3行；（共14针）

第6行：下针1针，【左上2针并1针，下针2针，右上2针并1针】2次，下针1针；（共10针）

第7行：上针1行；（共10针）

第8行：下针1针，【左上2针并1针，右上2针并1针】2次，下针1针；（共6针）

- 捆绑收针

腿（4片）

- 用象牙白色线起8针

第1~3行：上针起头，平针编织3行；（共8针）

- 捆绑收针

※ 羊妈妈和羊爸爸的织法相同，选用白色的羊毛绒线

羊宝宝（1只象牙白色）

脸

- 用象牙白色线起11针

第1行：上针11行；（共11针）

第2行：【下针1针，向左扭针加针】10次，下针1针；（共21针）

第3~9行：平针编织7行；（共21针）

- 换白色羊毛绒线

第10行：下针1行；（共21针）

- 以下用羊毛绒线织的部分正面编织上针

第11~12行：平针编织2行；（共21针）

第13行：【下针2针，下针1针放2针的加针，下针1针】5次，下针1针；（共26针）

第14~16行：平针编织3行；（共26针）

第17行：下针1针，【左上2针并1针，下针8针，右上2针并1针】2次，下针1针；（共22针）

第18行：上针1行；（共22针）

第19行：下针1针，【左上2针并1针，下针6针，右上2针并1针】2次，下针1针；（共18针）

第20行：上针1行；（共18针）

第21行：【左上2针并1针】9次；（共9针）

- 捆绑收针

身体

- 用白色羊毛绒线起12针
- 在第6针和第7针之间挂上记号扣标记毛发的位置
- 将反面当作成正面使用

第1行：下针1针，【下针1针放2针的加针】10次，下针1针；（共22针）

第2行：上针1行；（共22针）

第3行：下针1针，【下针1针放2针的加针，下针1针】10次，下针1针；（共32针）

第4~18行：平针编织15行；（共32针）

第19行：【下针1针，左上2针并1针，下针1针】8次；（共24针）

第20行：上针1行；（共24针）

第21行：【下针1针，左上2针并1针】8次；（共16针）

第22行：上针1行；（共16针）

- 下针收针

耳朵（2片）

- 用象牙白色线起8针
- 上针起头，平针编织3行；（共8针）
- 捆绑收针

腿（4片）

- 用象牙白色线起8针

第1~3行：上针起头，平针编织3行；（共8针）

- 捆绑收针

编织图 × × × × ×

羊爸爸的脸

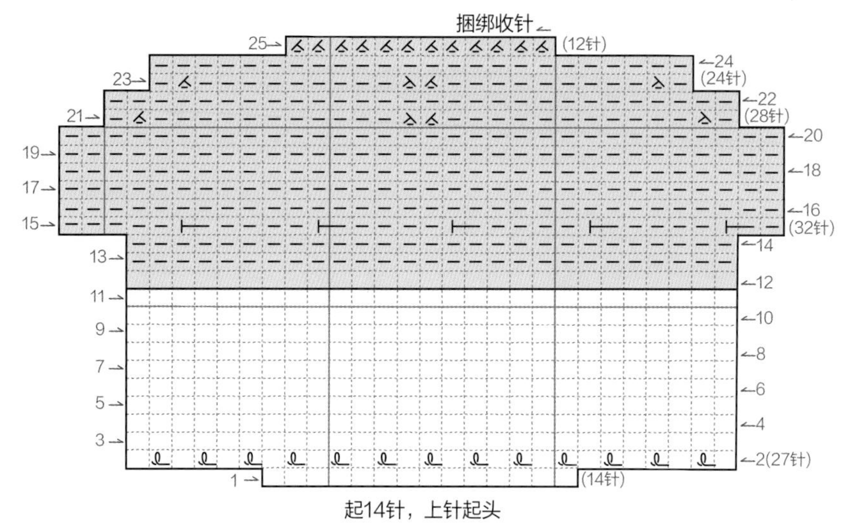

起14针，上针起头

- ▢=□ 下针 (K)
- ⊟ 上针 (P)
- 下针1针放2针的加针 (kfb)
- 上针1针放2针的加针 (pfb)
- 下针向左扭针加针 (M1L)
- 下针向右扭针加针 (M1R)
- 下针左上2针并1针 (k2tog)
- 上针左上2针并1针 (p2tog)
- 下针右上2针并1针 (skpo)
- 上针右上2针并1针 (ssp)

羊爸爸的身体

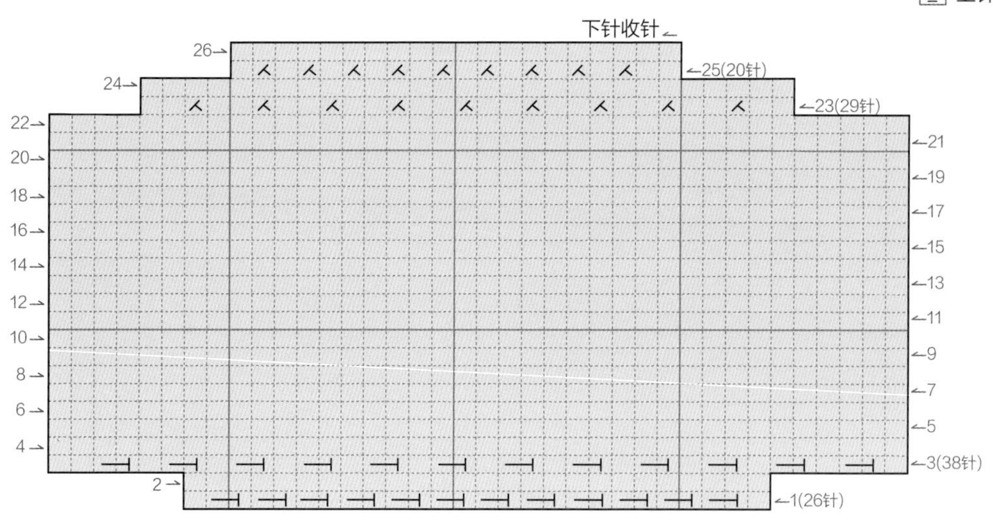

起14针，下针起头

羊爸爸的耳朵（2片）

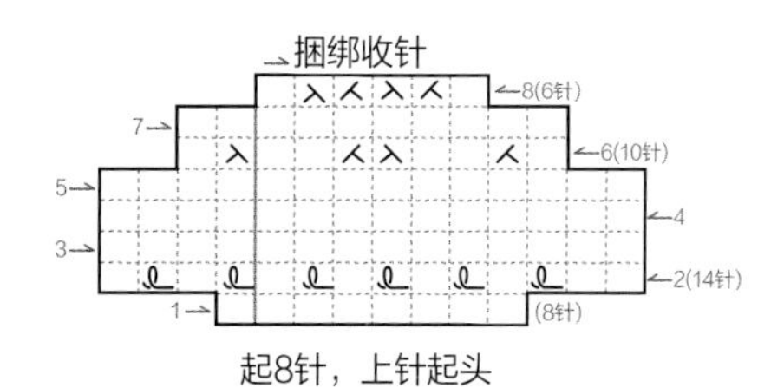

起8针，上针起头

羊爸爸的腿（4片）

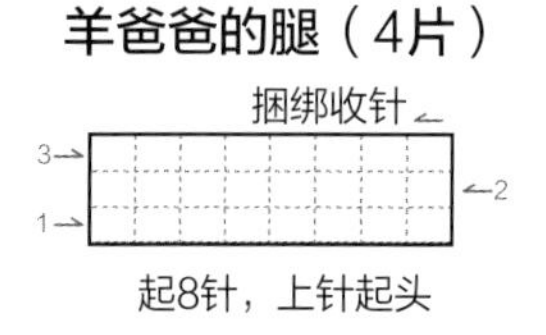

起8针，上针起头

羊宝宝的脸

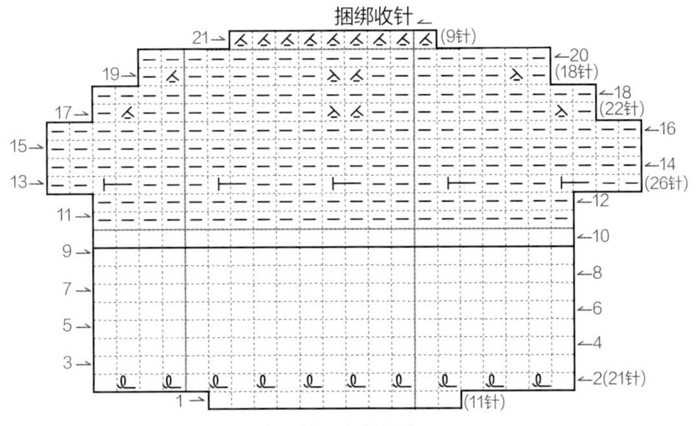

起11针，上针起头

羊宝宝的身体

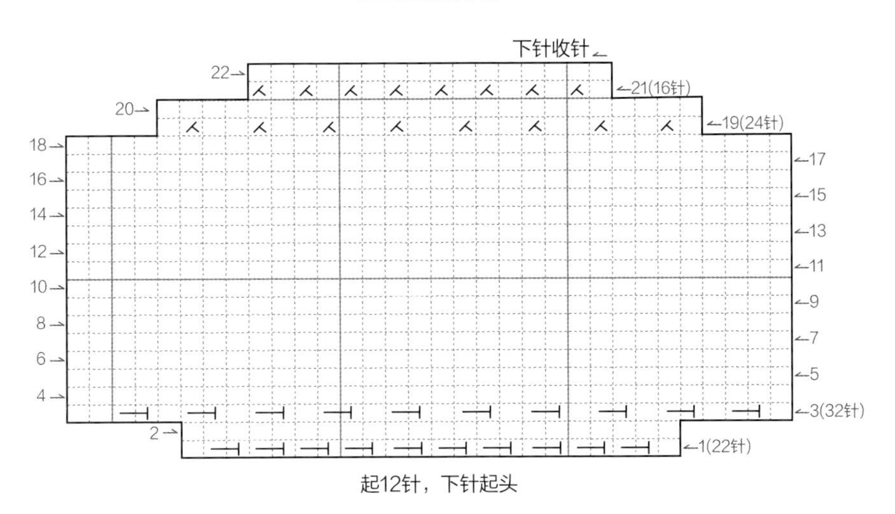

起12针，下针起头

羊宝宝的耳朵（2片）

捆绑收针

3

2

1

起8针，上针起头

羊宝宝的腿（4片）

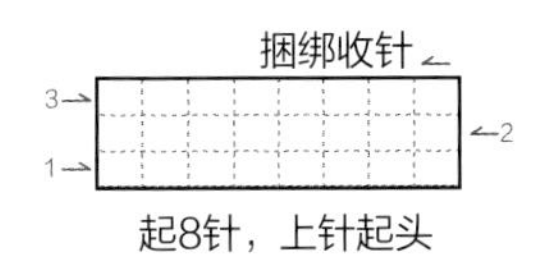

起8针，上针起头

要点教学 POINT LESSON ×××××

组装面部

1. 将羊毛绒线织成的部分缝合。

2. 将象牙白色织成的部分缝合至起始行。

3. 用钳子往脸部放入棉花后将起始行收紧缝合。

绣五官

4. 用水消笔将表情画在脸上。

5. 在换羊毛绒线的行往下2行的位置使用飞鸟绣（参考第214页）绣鼻子和人中，人中要一直延长至脸的下面。将针从其中一个端点穿出。

6. 将针从另一个端点插入，然后再从下面的中点穿出。

7. 拉线，然后将针插入脸部下方绣出长长的人中。再将针从眼睛的位置穿出。

8. 用直线绣（参考第212页）分别绣出两个眼睛，眼睛的长度为1针半。用布艺彩色铅笔或布艺墨水涂上腮红。

9. 给羊宝宝缝上纽扣眼睛（5mm）。

组装耳朵

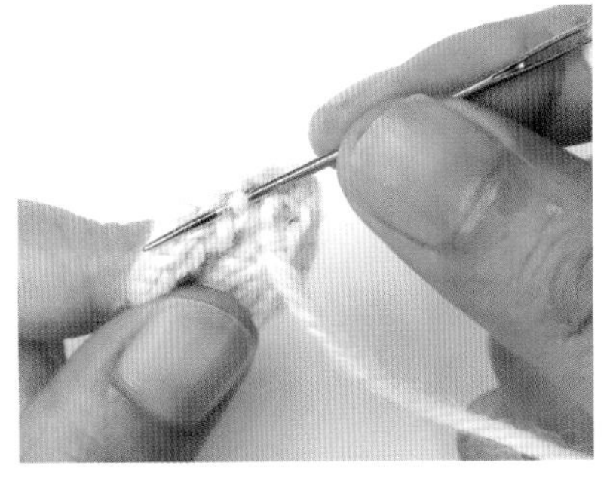

10. 从捆绑收针的位置开始缝合。

11. 将耳朵缝合在脸的两侧。

缝合身体

12. 将织上针的面作为正面并收紧缝合。

13. 放入棉花后，将起始行和收针行收紧缝合。

14. 将脸部放在身体上，用水消笔将记号扣所在的重合部分描边作为缝合线。用纱线将脸和身体微微歪着缝合在一起。

15. 将脸和身体按照缝合线缝合。

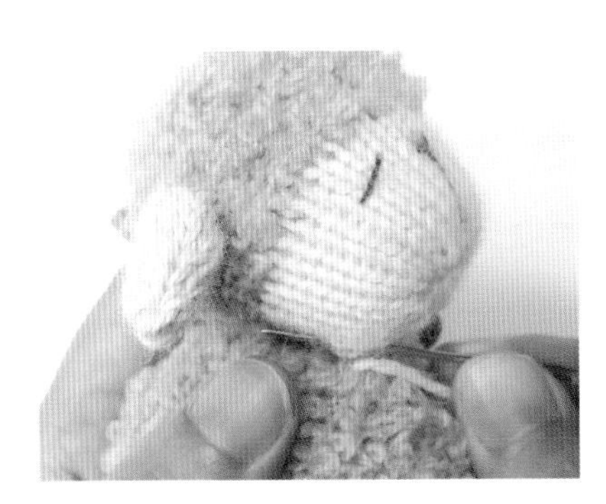

16. 仔细缝合好，边缝合边拉紧线以隐藏缝合痕迹。

组装腿

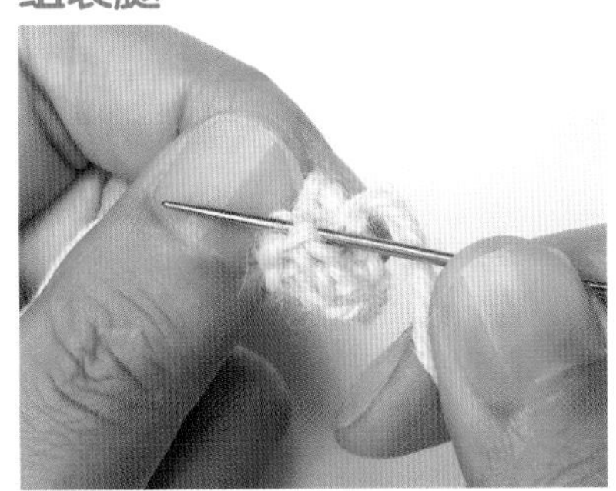

17. 从捆绑收针的位置开始缝合。

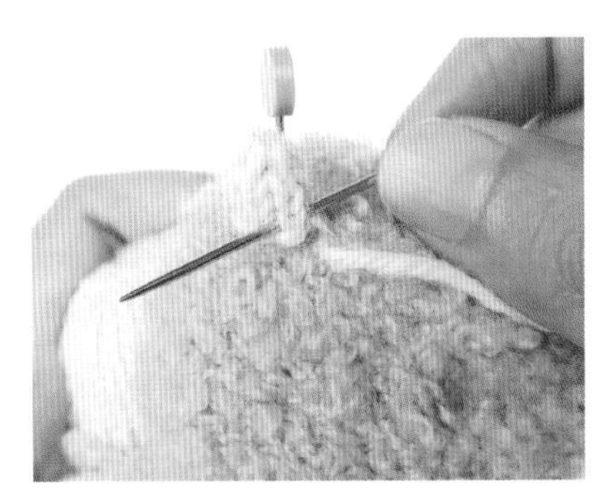

18. 标记好腿的位置并缝合，因为重心在头部，因此要在腿中放入金属丝或木棒使其能够站立。

12

小鸭波雅

× × × × ×

波雅还是一只小鸭宝宝，
现在还不会游泳的它要带着游泳圈在湖面上游泳，
但是不久之后它将会成为森林中最棒的游泳健将。

预览

准备材料

大小：10cm

☑ 鸭子

线：Phildar Super Baby&Phil Light组合，淡黄色；婴羊驼毛 DK（Michell Baby Alpaca Indiecita DK），黄棕色；Vincent 3p，深黄色

针：2.5mm棒针

密度：平针编织 32.5针×42行（10cm×10cm）

☑ 游泳圈

线：Filatura Di Crosa New Sportwool，象牙白色、天蓝色

针：2.5mm棒针

其他：毛线缝针、棉花、刺绣线（蓝灰色）、防解别针、记号扣、气消笔（或水消笔）、布艺彩色铅笔（或布艺墨水）、珠针、钳子

工具和针法：参考第187~216页

编织说明使用方法

- 同一行中重复针法用“【 】×次”表示。
- 有配色的部分用与线颜色相近的文字标记。

编织图使用方法

- 编织图用符号表示正面花形，编织时正面按照符号编织，反面则应编织与符号相反的针法。
- 编织图两侧的箭头表示行针方向，数字表示行数和针数。
- 需要使用记号扣的位置请参考编织说明。

编织说明 PATTERN × × × × ×

身体

• 用淡黄色线起18针

第1行：上针1行；（共18针）

第2行：下针1针，【下针1针放2针的加针】16次，下针1针；（共34针）

第3~5行：平针编织3行；（共34针）

第6行：下针1针，【下针1针，下针1针放2针的加针】16次，下针1针；（共50针）

第7~13行：平针编织7行；（共50针）

第14行：收4针，下针42针，收4针；（共42针）

第15行：接线并织上针1行；（共42针）

第16行：下针1针，左上2针并1针，下针36针，右上2针并1针，下针1针；（共40针）

第17行：上针1行；（共40针）

第18行：下针1针，左上2针并1针，下针34针，右上2针并1针，下针1针；（共38针）

第19行：上针1行；（共38针）

第20行：下针1针，左上2针并1针，下针32针，右上2针并1针，下针1针；（共36针）

第21行：上针1行；（共36针）

第22行：下针1针，【下针1针，左上2针并1针，下针2针】7次；（共29针）

第23行：上针1行；（共29针）

脸

第24行：下针1针，【下针1针放2针的加针】27次，下针1针；（共56针）

第25~29行：平针编织5行；（共56针）

• 在第29行的中心（第28针和第29针之间）用记号扣标记

第30~39行：平针编织10行；（共56针）

第40行：下针12针，右上2针并1针，左上2针并1针，下针24针，右上2针并1针，左上2针并1针，下针12针；（共52针）

第41行：上针1行；（共52针）

第42行：下针1针，【下针3针，左上2针并1针】10次，下针1针；（共42针）

第43行：上针1行；（共42针）

第44行：下针1针，【下针2针，左上2针并1针】10次，下针1针；（共32针）

第45行：上针1行；（共32针）

第46行：下针1针，【下针1针，左上2针并1针】10次，下针1针；（共22针）

第47行：上针1行；（共22针）

第48行：下针1针，【左上2针并1针】10次，下针1针；（共12针）

• 捆绑收针

翅膀（2片）

• 用淡黄色线起10针

第1行：上针1行；（共10针）

第2行：下针1针，【向左扭针加针，下1针】8次，下针1针；（共18针）

第3行：上针1行；（共18针）

第4行：下针1针，左上2针并1针，下针12针，右上2针并1针，下针1针；（共16针）

第5~7行：平针编织3行；（共16针）

第8行：下针1针，左上2针并1针，下针3针，左上2针并1针，右上2针并1针，下针3针，右上2针并1针，下针1针；（共12针）

第9行：上针1行；（共12针）

第10行：下针1针，左上2针并1针，下针6针，右上2针并1针，下针1针；（共10针）

• 上针收针

喙

• 用深黄色线起14针

第1~2行：下针起头，平针编织2行；（共14针）

第3行：下针1针，【左上2针并1针，下针2针，右上2针并1针】2次，下针1针；（共10针）

• 上针收针

脚（2片）

• 用黄棕色线起11针

第1行：上针1行；（共11针）

第2行：下针1针，【下针1针，下针1针放2针的加针，下针1针】3次，下针1针；（共14针）

第3~5行：平针编织3行；（共14针）

第6行：下针1针，【左上2针并1针，下针2针，右上2针并1针】2次，下针1针；（共10针）

第7行：上针1行；（共10针）

第8行：下针1针，【左上2针并1针，右上2针并1针】2次，下针1针；（共6针）

• 捆绑收针

游泳圈

• 用白色线起50针

• 用白色线和天蓝色线进行配色

• 白色用（白），天蓝色用（蓝）进行标记

第1行：（白）下针9针，（蓝）下针8针，（白）下针8针，（蓝）下针8针，（白）下针8针，（蓝）下针9针；（共50针）

第2行：（蓝）上针9针，（白）上针8针，（蓝）上针8针，（白）上针8针，（蓝）上针8针，（白）上针9针；（共50针）

第3行：（白）下针1针，（白）【下针1针放2针的加针，下针1针】4次，（蓝）【下针1针放2针的加针，下针1针】4次，（白）【下针1针放2针的加针，下针1针】4次，（蓝）【下针1针放2针的加针，下针1针】4次，（白）【下针1针放2针的加针，下针1针】4次，（蓝）【下针1针放2针的加针，下针1针】4次，（蓝）下针1针；（共74针）

第4行：（蓝）上针13针，（白）上针12针，（蓝）上针12针，（白）上针12针，（蓝）上针12针，（白）上针12针；（共74针）

第5行：（白）下针1针，（白）【下针1针，下针1针放2针的加针，下针1针】4次，（蓝）【下针1针，下针1针放2针的加针，下针1针】4次，（白）【下针1针，下针1针放2针的加针，下针1针】4次，（蓝）【下针1针，下针1针放2针的加针，下针1针】4次，（白）【下针1针，下针1针放2针的加针，下针1针】4次，（蓝）【下针1针，下针1针放2针的加针，下针1针】4次，（蓝）下针1针；（共98针）

第6行：（蓝）上针17针，（白）上针16针，（蓝）上针16针，（白）上针16针，（蓝）上针16针，（白）上针17针；（共98针）

第7行：（白）下针17针，（蓝）下针16针，（白）下针16针，（蓝）下针16针，（白）下针16针，（蓝）下针17针；（共98针）

第8~11行：重复第6~7行

第12行：（蓝）上针17针，（白）上针16针，（蓝）上针16针，（白）上针16针，（蓝）上针16针，（白）上针17针；（共50针）

第13行：（白）下针1针，（白）【下针1针，左上2针并1针，下针1针】4次，（蓝）【下针1针，左上2针并1针，下针1针】4次，（白）【下针1针，左上2针并1针，下针1针】4次，（蓝）【下针1针，左上2针并1针，下针1针】4次，（白）【下针1针，左上2针并1针，下针1针】4次，（蓝）【下针1针，左上2针并1针，下针1针】4次，（蓝）下针1针；（共74针）

第14行：（蓝）上针13针，（白）上针12针，（蓝）上针12针，（白）上针12针，（蓝）上针12针，（白）上针13针；（共50针）

第15行：（白）下针1针，（白）【下针1针，左上2针并1针】4次，（蓝）【下针1针，左上2针并1针】4次，（白）【下针1针，左上2针并1针】4次，（蓝）【下针1针，左上2针并1针】4次，（白）【下针1针，左上2针并1针】4次，（蓝）【下针1针，左上2针并1针】4次，（蓝）下针1针；（共50针）

第16行：（蓝）上针9针，（白）上针8针，（蓝）上针8针，（白）上针8针，（蓝）上针8针，（白）上针9针；（共50针）

• 用白色线下针收针

编织图 ×××××

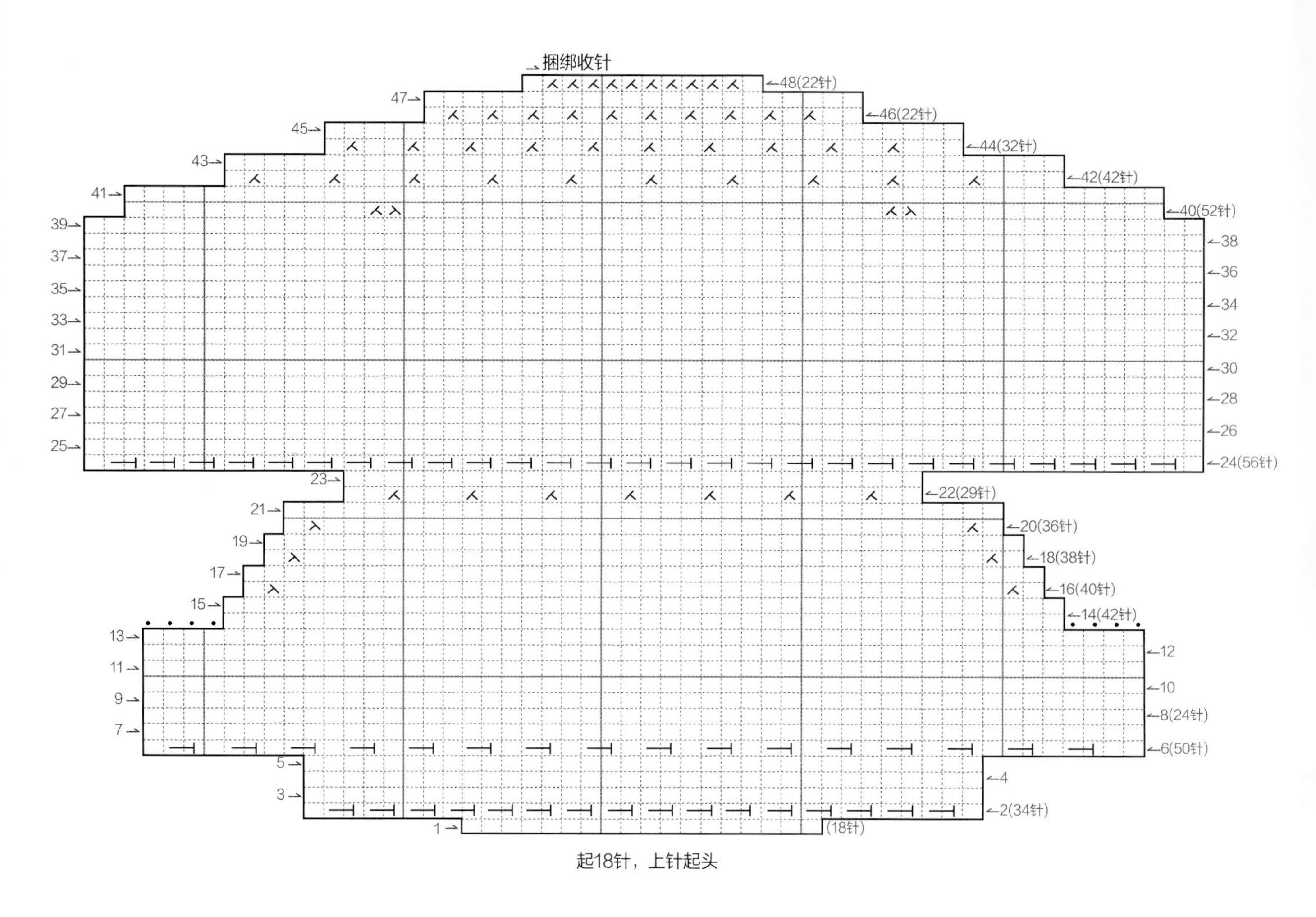

*第14行的收针后，连接线继续织第15行

- ◻ = ◻ 下针 (K)
- ◻ 上针 (P)
- ◻ 下针1针放2针的加针 (kfb)
- ◻ 上针1针放2针的加针 (pfb)
- ◻ 下针向左扭针加针 (M1L)
- ◻ 下针向右扭针加针 (M1R)
- ◻ 下针左上2针并1针 (k2tog)
- ◻ 下针右上2针并1针 (skpo)

翅膀（2片）

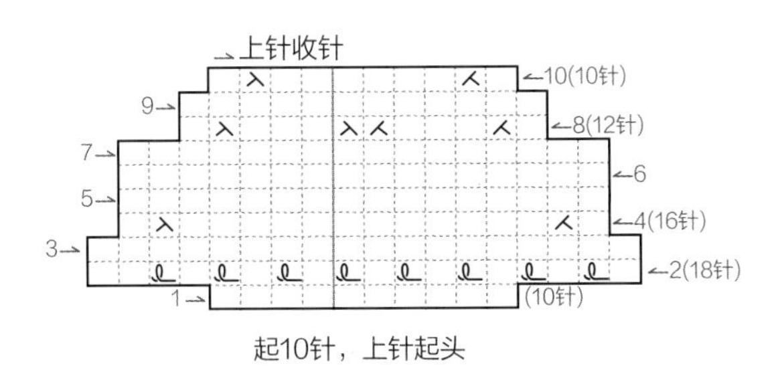

起10针，上针起头

喙

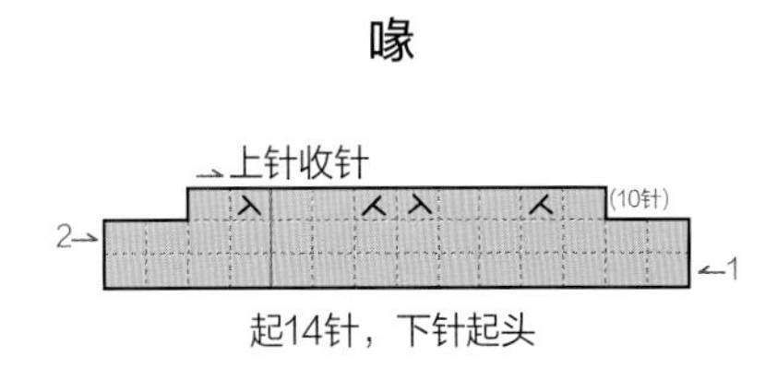

起14针，下针起头

脚（2片）

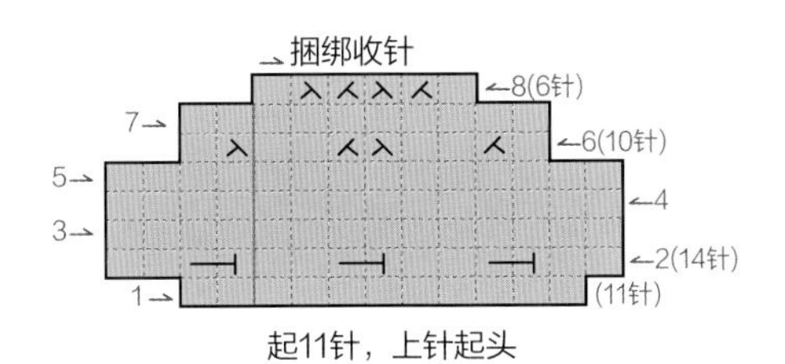

起11针，上针起头

游泳圈

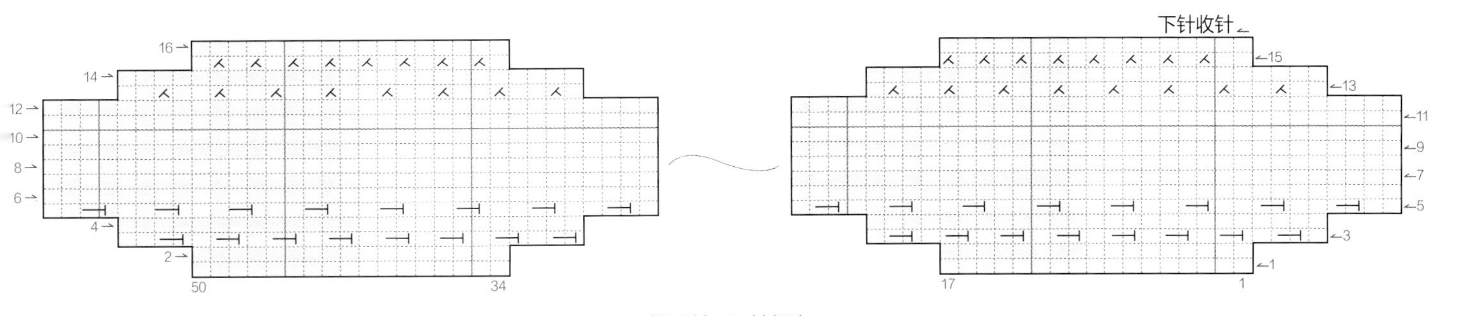

起50针，下针起头

缝合身体

1. 从捆绑收针的位置开始缝合。

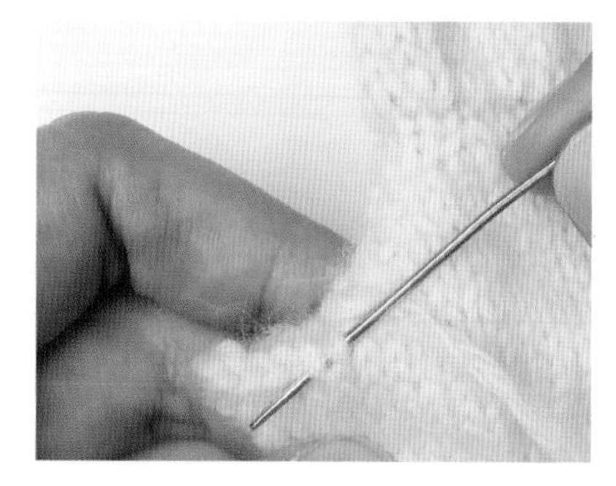

2. 在第14行收针的位置进行横向平针缝合。

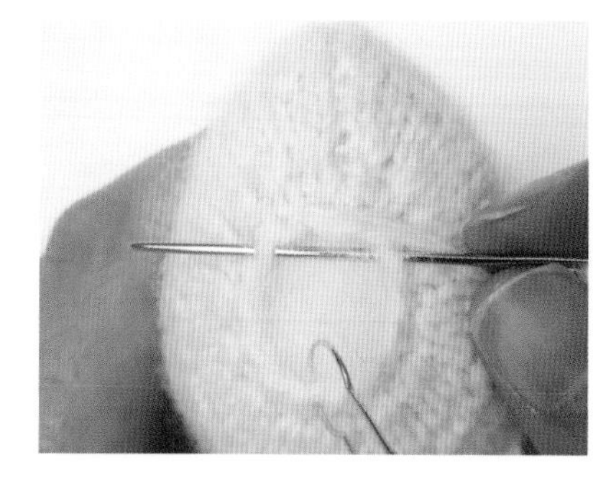

3. 用钳子将棉花填入脸和身体后，用缝针将起始行收紧缝合。

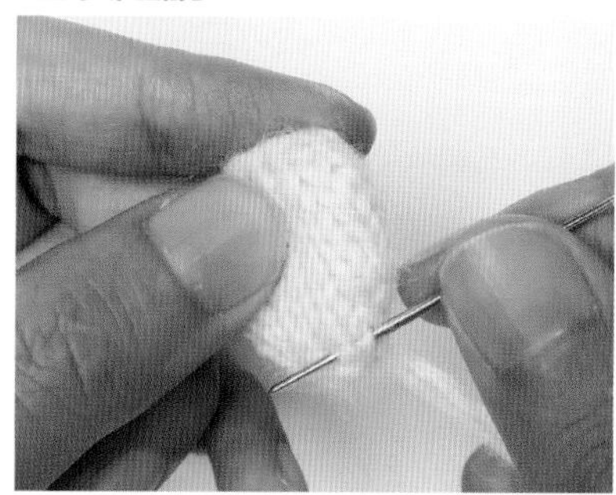

4. 将针依次穿入脸部的起始行即加针行（第24行）的前一行的针圈，拉紧打结。

组装翅膀

5. 将翅膀进行平针缝合。

6. 用珠针将翅膀固定在第40行减针的部分垂直向下，且在脖子和脸的分界线下面一行的位置上。

组装喙

7. 将翅膀与身体缝合，此时注意缝合时需拉紧线以隐藏缝合的痕迹。

8. 将喙进行平针缝合。

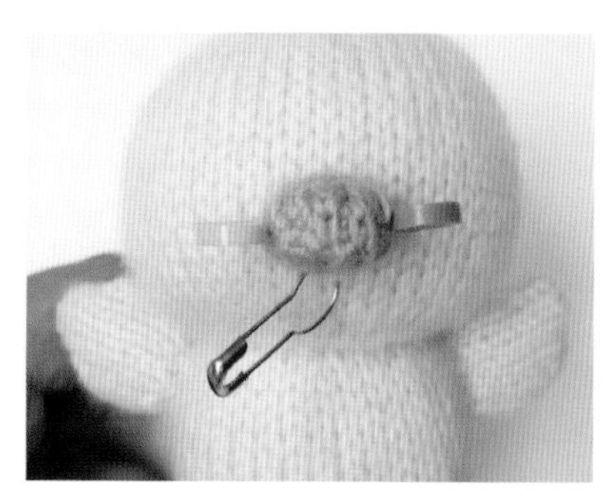

9. 用珠针将喙的下沿固定在脸的起始行（第24行）往下数5行的位置上（记号扣标记的位置）。

组装脚

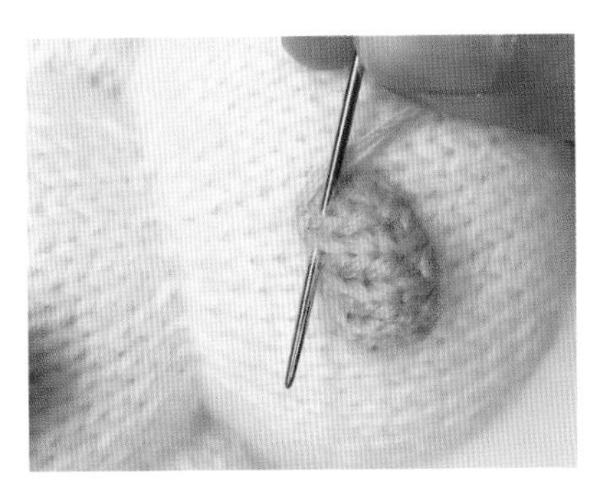

10. 将喙的最下端与脸部缝合，注意拉紧线以隐藏缝合痕迹。

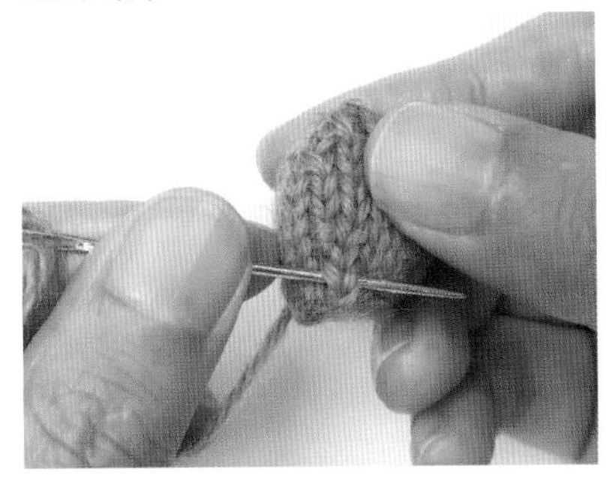

11. 从捆绑收针的位置缝合至起始行，因为此时会产生新的一行所以要注意不要把线拉得太紧。

12. 用珠针将脚固定在第2行并缝合。两只脚的间隔为5针。

绣眼睛

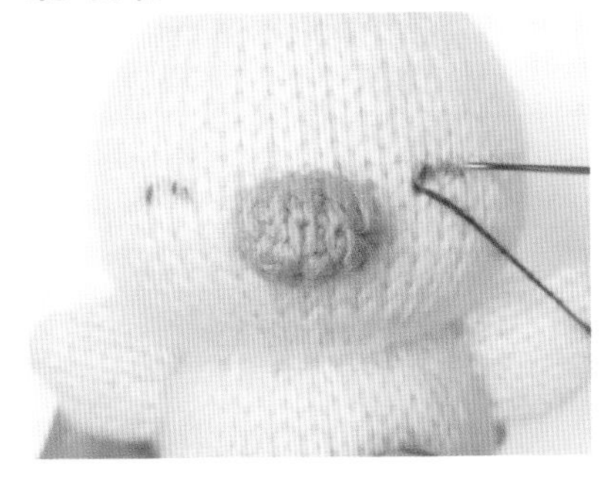

13. 将眼睛绣在喙向左右两边各数一针半的位置上，眼睛长度为2针。将针从其中一个端点穿出。

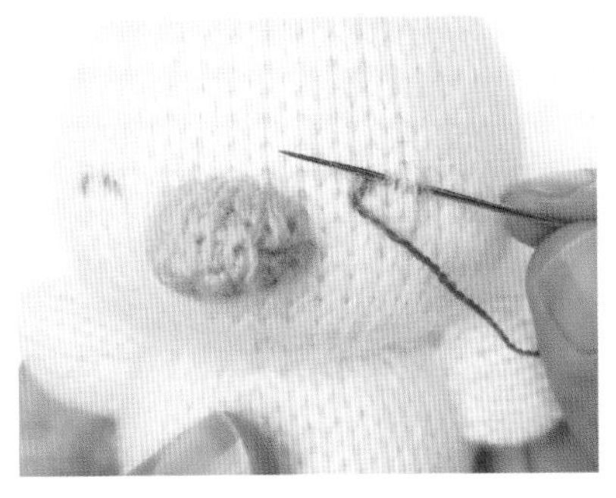

14. 将针插入另一个端点然后从线下方的中点穿出。

15. 将线向上拉使下面的横线形成弧度后再将针插入线上方的中点。打结后整理好线，另一边的眼睛也用同样的方法绣好。

制作毛发

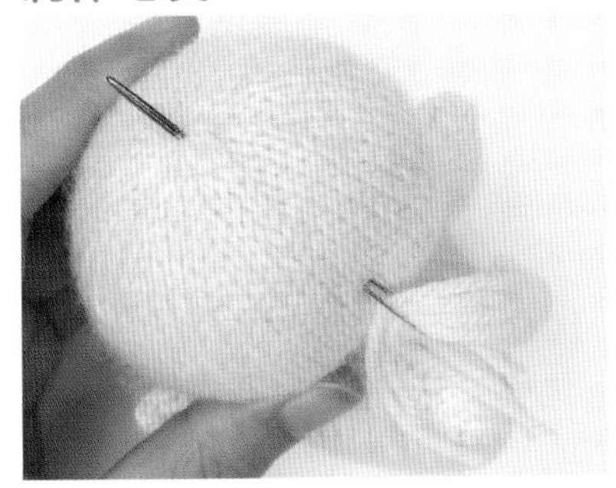

16. 将剪成几段的线系在一起做成穗子，穿入针后将针从捆绑收针的位置穿出。

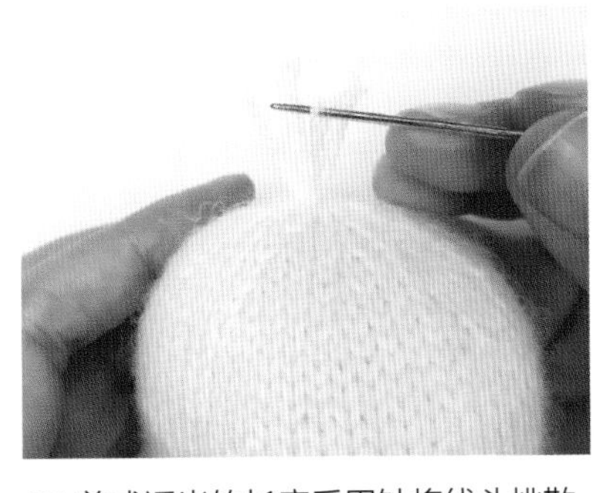

17. 剪成适当的长度后用针将线头挑散。

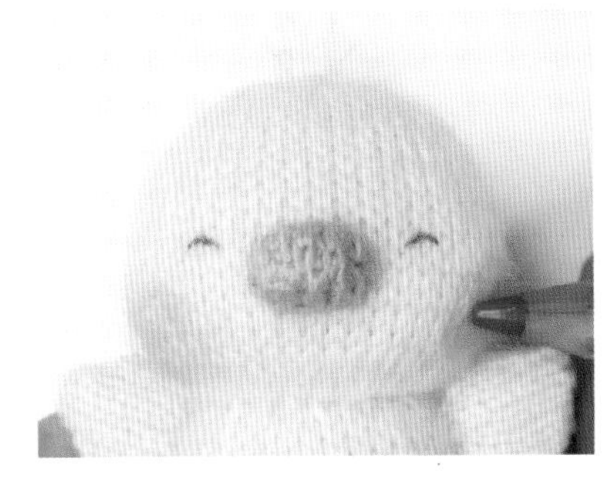

18. 用布艺彩色铅笔或布艺墨水涂上腮红。

13·14·15 蜗牛·蘑菇·蜜蜂

× × × × ×

这些非常小的动物朋友们，
常常被漂亮的蘑菇吸引，聚集在它附近。

预览

准备材料

☑ **蜗牛**

大小：6.5cm

线：羊驼毛（Rowan Alpaca Classic），象牙白色、炭黑色

针：2.5mm棒针

密度：平针编织 31针×39行（10cm×10cm）

☑ **大蘑菇**

大小：10cm

线：安哥拉山羊毛 / 马海毛（Linea Angora 80），红色；羊驼毛（Rowan Alpaca Classic），象牙白色；纱线，金色

针：2.75mm棒针

密度：平针编织 30针×40行（10cm×10cm）

☑ **小蘑菇**

大小：8cm

线：安哥拉山羊毛 / 马海毛（Linea Angora 80），红色；羊驼毛（Rowan Alpaca Classic），象牙白色

针：2.5mm棒针

密度：平针编织 31针×39行（10cm×10cm）

☑ **蜜蜂**

大小：5cm

线：Vincent 3p，黄色、白色、黑褐色；纱线，金色

针：2.5mm棒针

密度：平针编织 33针×43行（10cm×10cm）

其他：5mm玩偶眼睛、毛线缝针、棉花、刺绣线（黑色、白色、金色）、防解别针、记号扣、气消笔（或水消笔）、布艺彩色铅笔（或布艺墨水）、棉芯

工具和针法：参考第187~216页

编织说明使用方法

- 同一行中重复针法用“【 】×次”表示。
- 有配色的部分用与线颜色相近的文字标记。

编织图使用方法

- 编织图用符号表示正面花形，编织时正面按照符号编织，反面则应编织与符号相反的针法。
- 编织图两侧的箭头表示行针方向，数字表示行数和针数。
- 需要使用记号扣的位置请参考编织说明。

蜗牛

身体

- 用象牙白色线起16针

第1行：上针1行；（共16针）

第2行：下针1针，【下针1针放2针的加针】14次，下针1针；（共30针）

第3行：上针1行；（共30针）

第4行：下针1针，左上2针并1针，下针24针，右上2针并1针，下针1针；（共28针）

第5行：上针1针，上针右上2针并1针，上针22针，上针左上2针并1针，上针1针；（共26针）

第6行：下针1针，左上2针并1针，下针20针，右上2针并1针，下针1针；（共24针）

第7行：上针1针，上针右上2针并1针，上针18针，上针左上2针并1针，上针1针；（共22针）

第8行：下针1针，左上2针并1针，下针16针，右上2针并1针，下针1针；（共20针）

第9行：上针1针，上针右上2针并1针，上针14针，上针左上2针并1针，上针1针；（共18针）

第10行：下针1针，左上2针并1针，下针12针，右上2针并1针，下针1针；（共16针）

第11行：上针1针，上针右上2针并1针，上针10针，上针左上2针并1针，上针1针；（共14针）

第12行：下针1针，左上2针并1针，下针8针，右上2针并1针，下针1针；（共12针）

第13~17行：平针编织5行；（共12针）

脸

第18行：下针1针，【下针1针放2针的加针】10次，下针1针；（共22针）

第19~25行：平针编织7行；（共22针）

第26行：下针1针，【下针3针，左上2针并1针】4次，下针1针；（共18针）

第27行：上针1行；（共18针）

第28行：下针1针，【左上2针并1针】8次，下针1针；（共10针）

- 捆绑收针

触角（2片）

- 起5针
- 上针1行；（共5针）
- 捆绑收针

壳

- 用炭黑色线起16针
- 用象牙白色线和炭黑色线进行配色
- 象牙白色线用（白），炭黑色用（黑）进行标记
- 将反面作为正面使用

第1行：（黑）上针1行；（共10针）

第2行：（白）下针1针，【向左扭针加针，下针1针】9次；（共19针）

第3行：（白）上针1行；（共19针）

第4~5行：（黑）平针编织2行；（共19针）

第6行：（白）下针1针，【向左扭针加针，下针2针】9次；（共28针）

第7行：（白）上针1行；（共28针）

第8~11行：（黑）平针编织4行；（共28针）

第12行：（白）下针1针，【左上2针并1针，下针1针】9次；（共19针）

第13行：（白）上针1行；（共19针）

第14~15行：（黑）平针编织2行；（共19针）

第16行：（白）下针1针，【左上2针并1针】9次；（共10针）

第17行：（白）上针1行；（共10针）

- 捆绑收针

编织图 ×××××

身体和脸

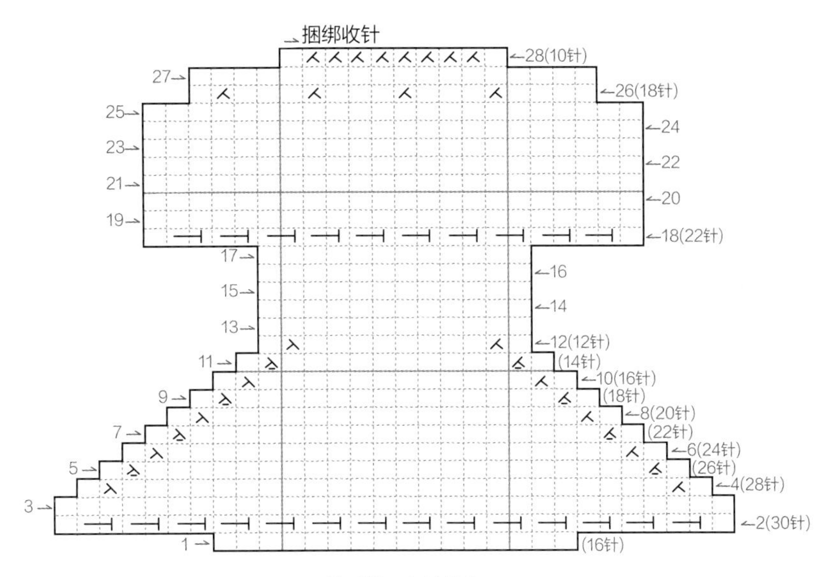

起16针，上针起头

触角（2片）

捆绑收针

1→ (5针)

起5针，上针1行

- | = □ 下针 (K)
- — 上针 (P)
- 下针1针放2针的加针 (kfb)
- 上针1针放2针的加针 (pfb)
- 下针向左扭针加针 (M1L)
- 下针向右扭针加针 (M1R)
- 下针左上2针并1针 (k2tog)
- 上针左上2针并1针 (p2tog)
- 下针右上2针并1针 (skpo)
- 上针右上2针并1针 (ssp)

壳

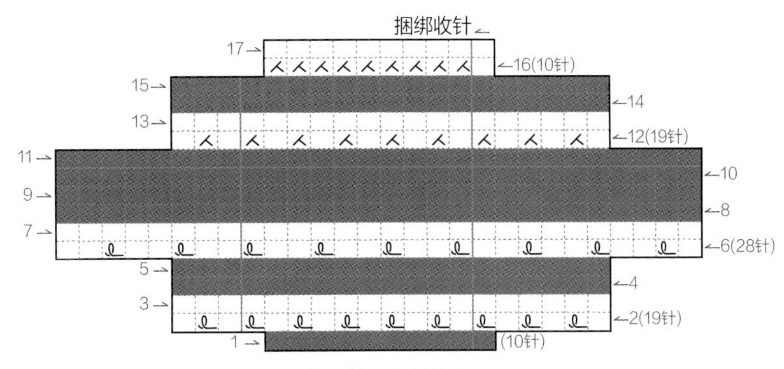

起10针，上针起头

要点教学 POINT LESSON × × × × ×

1. 将蜗牛的头从捆绑收针的位置缝合至起始行。

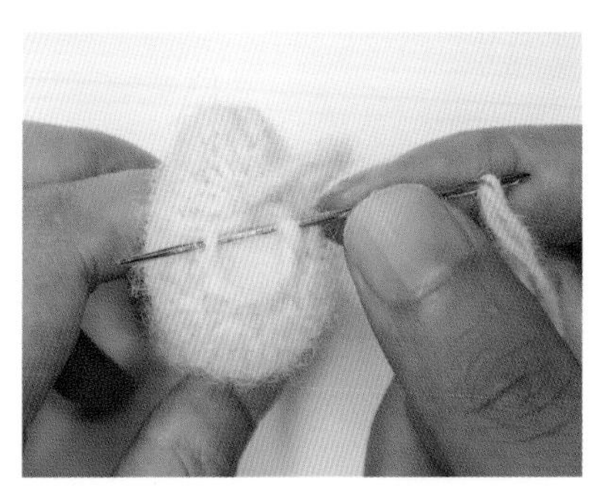

2. 用钳子填入棉花后，将起始行收紧缝合。

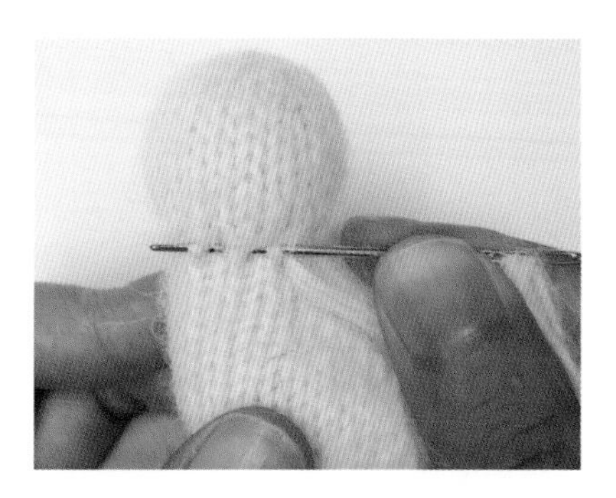

3. 将针依次穿入脸部的起始行即加针行（第34行）前一行的针圈，拉紧打结。

4. 将壳缝合后，用钳子放入棉花。
※ 将反面当作正面使用

5. 将壳与蜗牛的脖子到尾巴缝合。

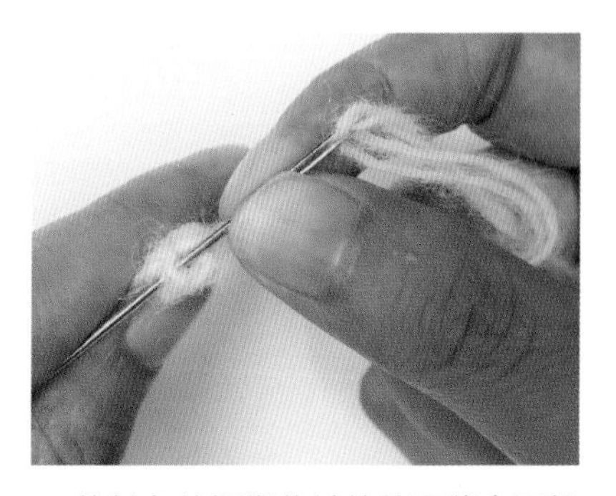

6. 将触角从捆绑收针的位置缝合至起始行。

7. 将触角缝合在头顶捆绑收针往下一行的位置上。

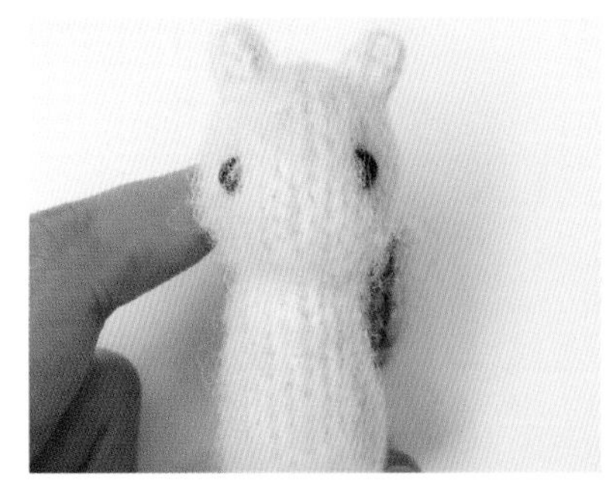

8. 将眼睛缝在加针行（第18行）往上数5行，中心位置往左右两边各数3针的位置上。双眼距离为6针。

9. 用布艺铅笔或布艺墨水为蜗牛涂上腮红。

编织说明 PATTERN ×××××

大蘑菇

• 用2.75mm棒针和象牙白色线起12针

第1行：下针1针，【下针1针放2针的加针】10次，下针1针；（共22针）

第2行：上针1行；（共22针）

第3行：下针1针，【下针1针，下针1针放2针的加针】10次，下针1针；（共32针）

第4行：上针1行；（共32针）

第5行：【下针2针，下针1针放2针的加针】10次，下针2针；（共42针）

第6~14行：平针编织9行；（共42针）

第15行：【下针2针，左上2针并1针，下针2针】7次；（共35针）

第16~22行：平针编织7行；（共35针）

第23行：【下针1针，左上2针并1针，下针2针】7次；（共28针）

第24~26行：平针编织3行；（共28针）

第27行：【下针1针，左上2针并1针，下针1针】7次；（共21针）

第28~30行：平针编织3行；（共21针）

第31行：下针1针，【下针1针放2针的加针】19次，下针1针；（共40针）

第32行：上针1行；（共40针）

第33行：下针1针，【下针1针，下针1针放2针的加针】19次，下针1针；（共59针）

第34行：上针1行；（共59针）

第35行：【下针2针，下针1针放2针的加针】19次，下针2针；（共78针）

第36~37行：平针编织2行；（共78针）

• 换红色线

第38~40行：上针3行；（共78针）

第41行：【下针6针，左上2针并1针，下针5针】6次；（共72针）

第42行：上针1行；（共72针）

第43行：下针1针，【下针8针，左上2针并1针】7次，下针1针；（共65针）

第44行：上针1行；（共65针）

第45行：下针1针，【下针7针，左上2针并1针】7次，下针1针；（共58针）

第46行：上针1行；（共58针）

第47行：下针1针，【下针6针，左上2针并1针】7次，下针1针；（共51针）

第48行：上针1行；（共51针）

第49行：下针1针，【下针5针，左上2针并1针】7次，下针1针；（共44针）

第50行：上针1行；（共44针）

第51行：下针1针，【下针4针，左上2针并1针】7次，下针1针；（共37针）

第52行：上针1行；（共37针）

第53行：下针1针，【下针3针，左上2针并1针】7次，下针1针；（共30针）

第54行：上针1行；（共30针）

第55行：下针1针，【下针2针，左上2针并1针】7次，下针1针；（共23针）

第56行：上针1行；（共23针）

第57行：下针1针，【下针1针，左上2针并1针】7次，下针1针；（共16针）

第58行：上针1行；（共16针）

第59行：下针1针，【左上2针并1针】7次，下针1针；（共9针）

第60行：上针1行；（共9针）

• 捆绑收针

小蘑菇

• 用2.5mm棒针和象牙白色线起10针

第1行：下针1针，【下针1针放2针的加针】8次，下针1针；（共18针）

第2~8行：平针编织7行；（共18针）

第9行：【下针2针，左上2针并1针，下针2针】3次；（共15针）

第10~14行：平针编织5行；（共15针）

第15行：【下针2针，左上2针并1针，下针1针】3次；（共12针）

第16~18行：平针编织3行；（共12针）

第19行：下针1针，【下针1针放2针的加针】10次，下针1针；（共22针）

第20~22行：平针编织3行；（共22针）

第23行：下针1针，【下针1针，下针1针放2针的加针】10次，下针1针；（共32针）

第24行：上针1行；（共32针）

• 换红色线

第25~26行：下针2行；（共32针）

第27~28行：平针编织2行；（共32针）

第29行：【下针3针，左上2针并1针】6次，下针2针；（共26针）

第30行：上针1行；（共26针）

第31行：【下针2针，左上2针并1针】6次，下针2针；（共20针）

第32行：上针1行；（共20针）

第33行：【下针1针，左上2针并1针】6次，下针2针；（共14针）

第34行：上针1行；（共14针）

第35行：下针1针，【左上2针并1针】6次，下针1针；（共8针）

• 捆绑收针

编织图 ×××××

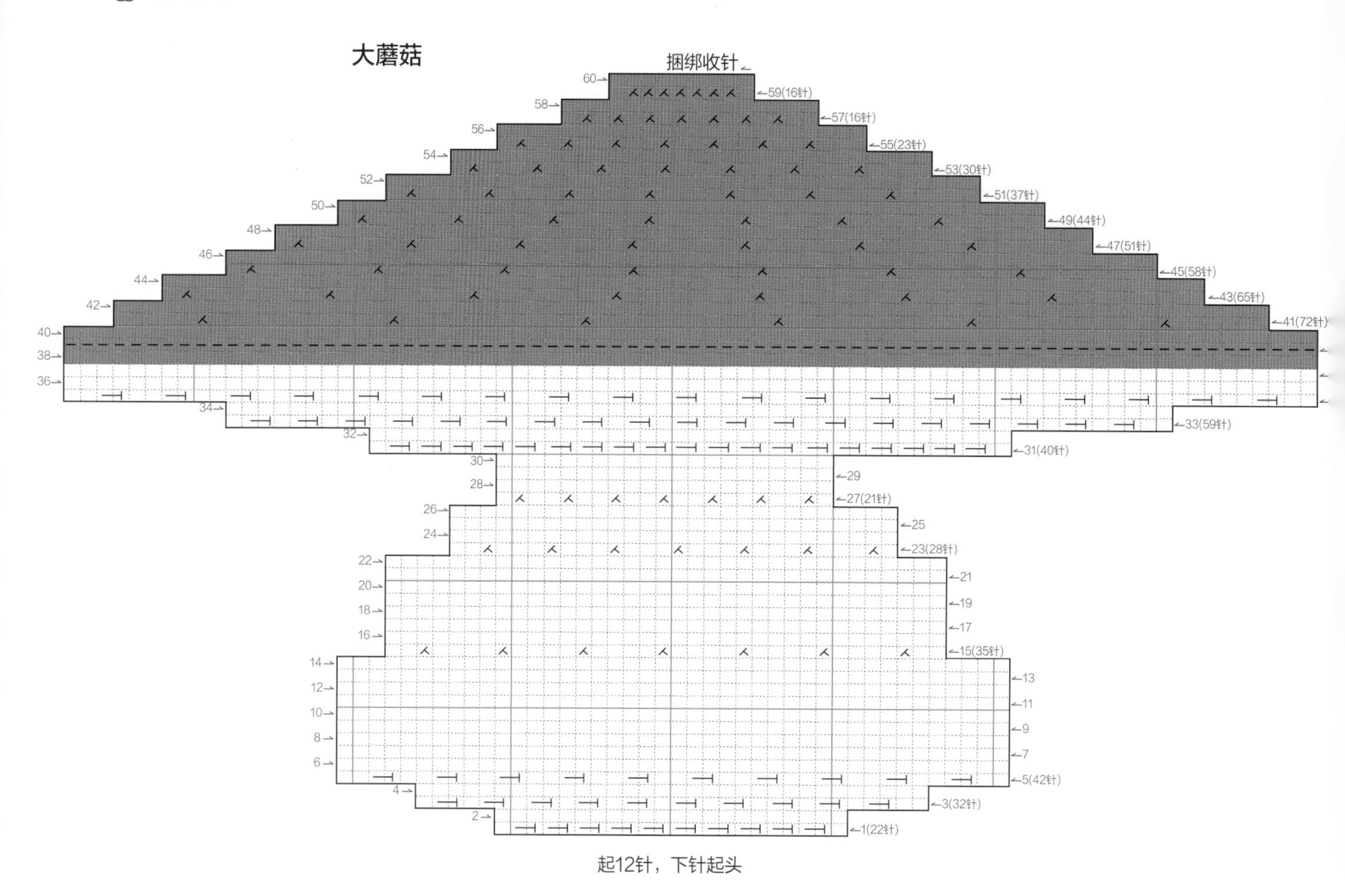

大蘑菇
捆绑收针
59(16针)
57(16针)
55(23针)
53(30针)
51(37针)
49(44针)
47(51针)
45(58针)
43(65针)
41(72针)
33(59针)
31(40针)
27(21针)
23(28针)
15(35针)
5(42针)
3(32针)
1(22针)
起12针，下针起头

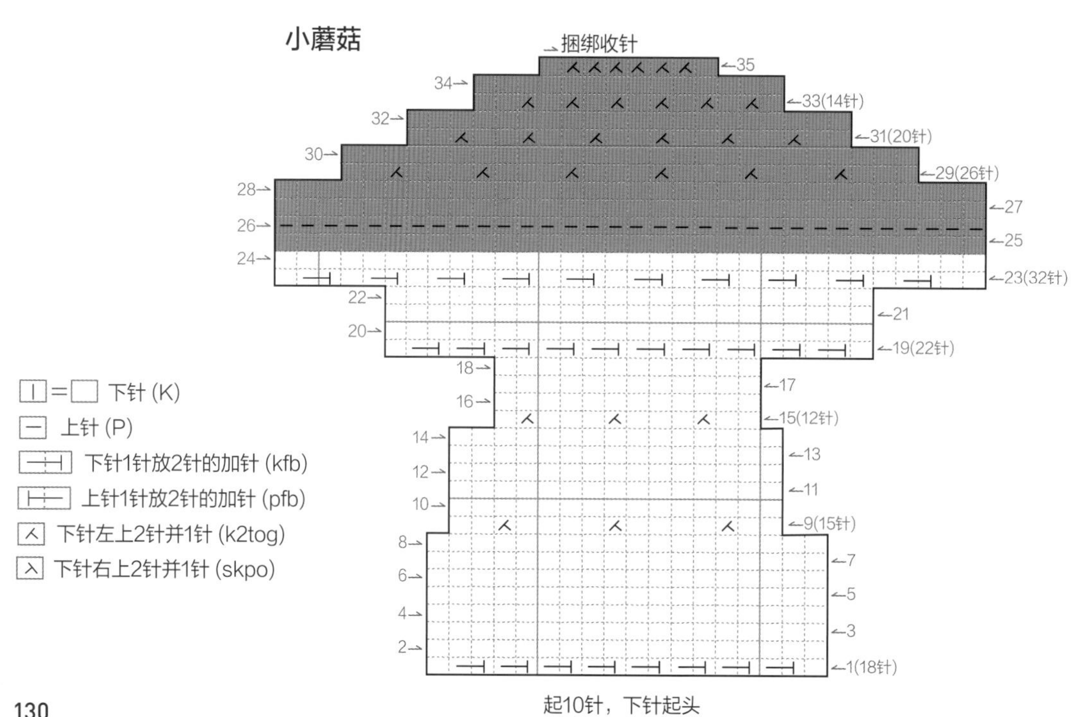

小蘑菇
捆绑收针
33(14针)
31(20针)
29(26针)
23(32针)
19(22针)
15(12针)
9(15针)
1(18针)
起10针，下针起头
= 下针 (K)
上针 (P)
下针1针放2针的加针 (kfb)
上针1针放2针的加针 (pfb)
下针左上2针并1针 (k2tog)
下针右上2针并1针 (skpo)

1. 用红色线将蘑菇从捆绑收针的位置向下缝合。

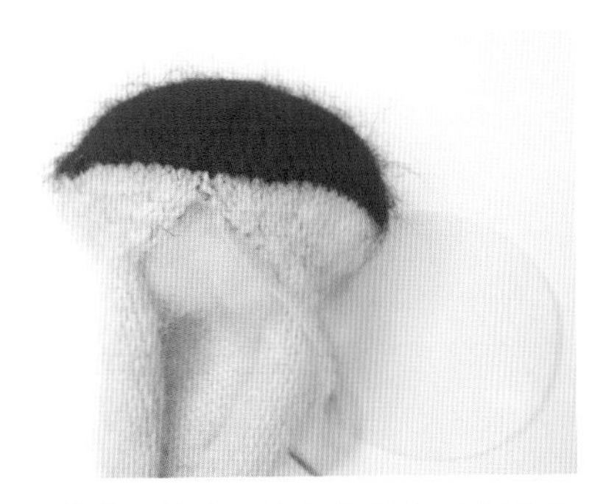

2. 缝合至换象牙白色线后2～3行的位置，填入棉花。

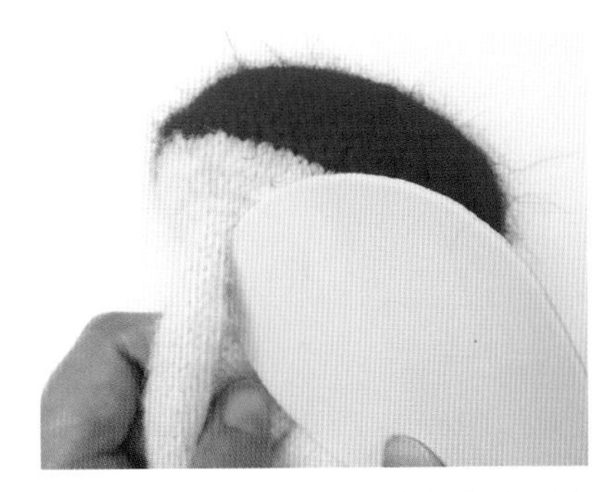

3. 剪一个直径7.5cm（小蘑菇则为3.5cm）的圆片棉芯，放置在红色和象牙白色的分界线上。

※ 棉芯的大小：根据使用的线和针或织片的大小调节

4. 继续缝合至起始行。

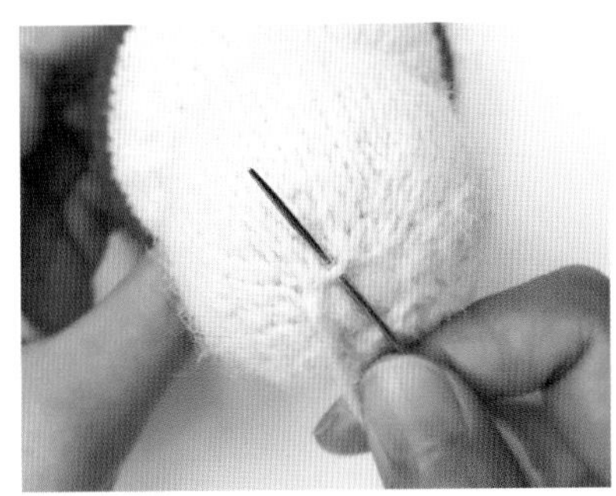

5. 用钳子填充棉花后，将起始行收紧缝合。

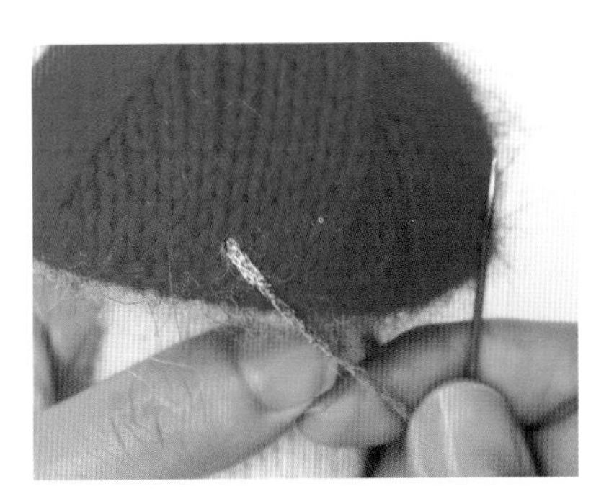

6. 在蘑菇伞盖上用金色线绣正针绣（参考第212页）。将针从V字的下端点穿出。

7. 将针插入右端点，再从左端点穿出。

8. 再将针插入下端点，从另一个V字的下端点穿出，并用同样的方法再绣V字的花样。

蜜蜂

身体和脸

· 用黄色线起14针

第1行：上针1行；（共14针）

第2行：下针3针，下针1针放2针的加针，下针6针，下针1针放2针的加针，下针3针；（共16针）

第3行：上针1行；（共16针）

第4行：下针1针，下针1针放2针的加针，下针12针，下针1针放2针的加针，下针1针；（共18针）

第5行：上针1行；（共18针）

第6行：下针1针，【下针3针，下针1针放2针的加针】4次，下针1针；（共22针）

· 从第7行到第17行要用黑褐色线和黄色线进行配色

· 黑褐色线用（褐），黄色线用（黄）进行标记

第7~9行：（褐）平针编织3行；（共22针）

第10~11行：（黄）平针编织2行；（共22针）

第12~14行：（褐）平针编织3行；（共22针）

· 只用黄色线织

第15~17行：平针编织3行；（共22针）

第18行：下针1针，【左上2针并1针，下针6针，右上2针并1针】2次，下针1针；（共18针）

第19~20行：平针编织2行；（共18针）

第21行：上针1针，【上针右上2针并1针，上针4针，上针左上2针并1针】2次，上针1针；（共14针）

第22行：下针1针，【左上2针并1针，下针2针，右上2针并1针】2次，下针1针；（共10针）

· 上针收针

蜂针

· 用金色线起6针

第1行：上针1行；（共6针）

第2行：下针1针，【左上2针并1针】2次，下针1针；（共4针）

第3行：上针1行；（共4针）

· 捆绑收针

翅膀

· 用白色线起14针

第1行：上针1行；（共14针）

第2行：【下针2针，下针1针放2针的加针】4次，下针2针；（共18针）

第3~7行：平针编织5行；（共18针）

第8行：【下针2针，左上2针并1针】4次，下针2针；（共14针）

第9行：上针1行；（共14针）

第10行：【下针1针，左上2针并1针】4次，下针2针；（共10针）

第11行：上针1行；（共10针）

第12行：【下针1针，下针1针放2针的加针】4次，下针2针；（共14针）

第13行：上针1行；（共14针）

第14行：【下针2针，下针1针放2针的加针】4次，下针2针；（共18针）

第15~19行：平针编织5行；（共18针）

第20行：【下针2针，左上2针并1针】4次，下针2针；（共14针）

第21行：上针1行；（共14针）

· 下针收针

编织图 × × × × ×

身体和脸

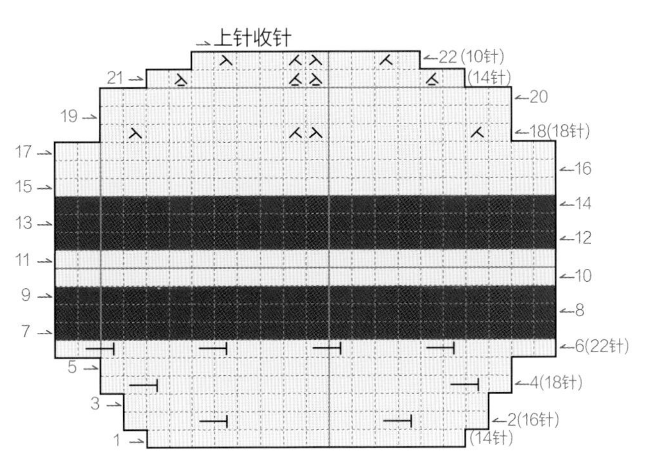

起14针，上针起头

- |=□ 下针 (K)
- ― 上针 (P)
- 下针1针放2针的加针(kfb)
- 上针1针放2针的加针 (pfb)
- 下针左上2针并1针 (k2tog)
- 上针左上2针并1针 (p2tog)
- 下针右上2针并1针 (skpo)
- 上针右上2针并1针 (ssp)

翅膀

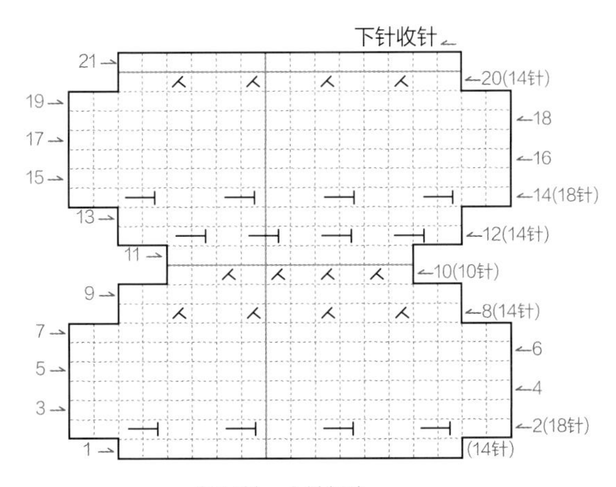

起14针，上针起头

蜂针

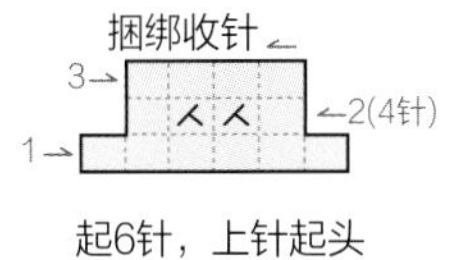

起6针，上针起头

1. 从起始行缝合至收针行。

2. 填充棉花后将起始行和收针行各自收紧缝合。

3. 将蜂针从捆绑收针的位置缝合至起始行，并缝合在蜜蜂的尾巴位置上（收针行的那边）。

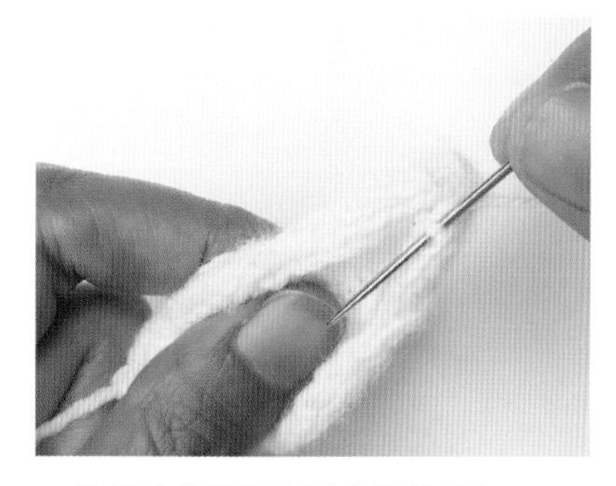

4. 将翅膀从起始行缝合至收针行。

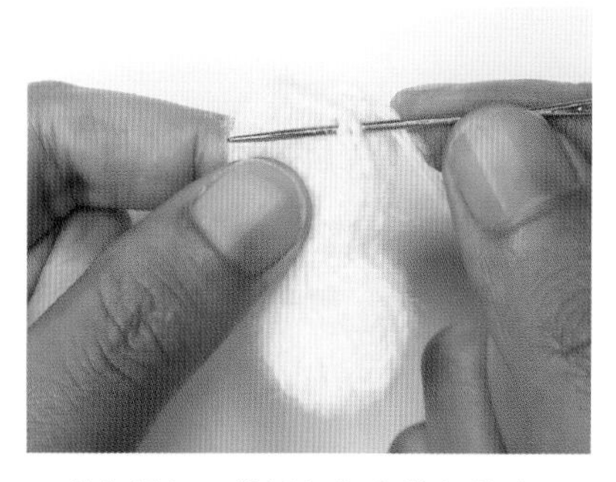

5. 将起始行和收针行各自收紧缝合。

6. 将翅膀对准两条褐色条纹中间的黄色条纹并缝合。

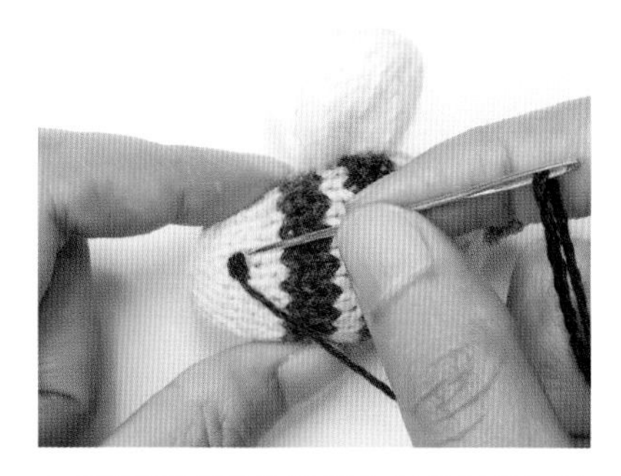

7. 把眼睛用黑色线绣在褐色条纹开始行的前面3行，即脸部1/3的位置上。

8. 在黑色线上方再绣一条白色线来表现眼白。

9. 涂好腮红即可完成。

16

热气球

× × × × ×

热气球在动物朋友们当中十分热门。
坐着热气球飘向空中，就可以看到森林美丽的风景。
小动物们常常坐着热气球出去旅行。

预览

准备材料

大小：16cm×26cm

☑ 气球

线：安哥拉山羊毛/马海毛（Super Angora），粉色、天蓝色、淡紫色、象牙白色、淡黄色、深黄色

针：2.75mm棒针

密度：平针编织 30针×40行（10cm×10cm）

☑ 篮子

线：安哥拉山羊毛/马海毛（Super Angora），栗色

针：3mm棒针

其他：胶枪、直径2mm的木棒、棉芯、毛线缝针、棉花

工具和针法：参考第187~216页

编织说明使用方法

- 同一行中重复针法用“【 】×次”表示。
- 有配色的部分用与线颜色相近的文字标记。

编织图使用方法

- 编织图用符号表示正面花形，编织时正面按照符号编织，反面则应编织与符号相反的针法。
- 编织图两侧的箭头表示行针方向，数字表示行数和针数。
- 需要使用记号扣的位置请参考编织说明。

编织说明 PATTERN × ×

气球（8片）

・织4片象牙白色、1片淡紫色、1片淡黄色、1片天蓝色、1片粉色织物后连接起来制作成气球

・用2.75mm棒针起3针

第1~2行：下针起头，平针编织2行；（共3针）

第3行：下针1针，向右扭针加针，下针1针，向左扭针加针，下针1针；（共5针）

第4~6行：平针编织3行；（共5针）

第7行：下针1针，向右扭针加针，下针3针，向左扭针加针，下针1针；（共7针）

第8~10行：平针编织3行；（共7针）

第11行：下针1针，向右扭针加针，下针5针，向左扭针加针，下针1针；（共9针）

第12~14行：平针编织3行；（共9针）

第15行：下针1针，向右扭针加针，下针7针，向左扭针加针，下针1针；（共11针）

第16~18行：平针编织3行；（共11针）

第19行：下针1针，向右扭针加针，下针9针，向左扭针加针，下针1针；（共13针）

第20~22行：平针编织3行；（共13针）

第23行：下针1针，向右扭针加针，下针11针，向左扭针加针，下针1针；（共15针）

第24~26行：平针编织3行；（共15针）

第27行：下针1针，向右扭针加针，下针13针，向左扭针加针，下针1针；（共17针）

第28~64行：平针编织37行；（共17针）

第65行：下针1针，左上2针并1针，下针11针，右上2针并1针，下针1针；（共15针）

第66~70行：平针编织5行；（共15针）

第71行：下针1针，左上2针并1针，下针9针，右上2针并1针，下针1针；（共13针）

第72~76行：平针编织5行；（共13针）

第77行：下针1针，左上2针并1针，下针7针，右上2针并1针，下针1针；（共11针）

第78~90行：平针编织13行；（共11针）

・下针收针

气球底

・用2.75mm棒针和深黄色线起12针并进行环状编织

环状编织第1行：下针1行；（共12针）

环状编织第2行：【下针1针放2针的加针】12次；（共24针）

环状编织第3~4行：下针2行；（共24针）

环状编织第5行：【下针1针，下针1针放2针的加针】12次；（共36针）

环状编织第6~7行：下针2行；（共36针）

环状编织第8行：【下针2针，下针1针放2针的加针】12次；（共48针）

环状编织第9~10行：下针2行；（共48针）

环状编织第11行：【下针3针，下针1针放2针的加针】12次；（共60针）

环状编织第12~13行：下针2行；（共60针）

环状编织第14行：【下针4针，下针1针放2针的加针】12次；（共72针）

环状编织第15~16行：下针2行；（共72针）

・下针收针

篮子

・用3mm棒针和栗色线起12针并进行环状编织

环状编织第1行：下针1行；（共12针）

环状编织第2行：【下针1针放2针的加针】12次；（共24针）

环状编织第3行：下针1行；（共24针）

环状编织第4行：【下针1针，下针1针放2针的加针】12次；（共36针）

环状编织第5行：下针1行；（共36针）

环状编织第6行：【下针2针，下针1针放2针的加针】12次；（共48针）

环状编织第7行：下针1行；（共48针）

环状编织第8行：【下针3针，下针1针放2针的加针】12次；（共60针）

环状编织第9行：下针1行；（共60针）

环状编织第10行：【下针4针，下针1针放2针的加针】12次；（共72针）

环状编织第11行：下针1行；（共72针）

环状编织第12行：【下针5针，下针1针放2针的加针】12次；（共84针）

环状编织第13行：下针1行；（共84针）

环状编织第14行：【下针6针，下针1针放2针的加针】12次；（共96针）

环状编织第15~16行：下针2行；（共96针）

环状编织第17~18行：上针1行，下针1行；（共96针）

环状编织第19~42行：重复12组环状编织第17~18行；（共96针）

环状编织第43~44行：下针1行，上针1行；（共96针）

环状编织第45~64行：下针20行；（共96针）

・下针收针

编织图 ×××××

气球（8片）

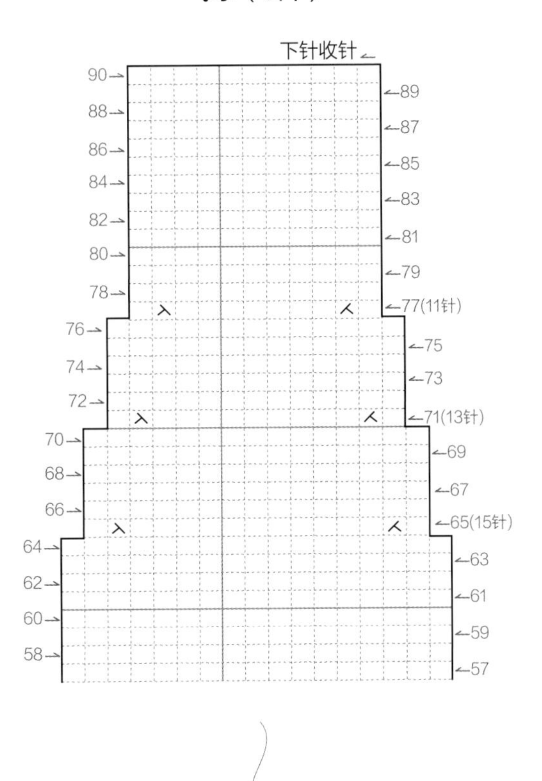

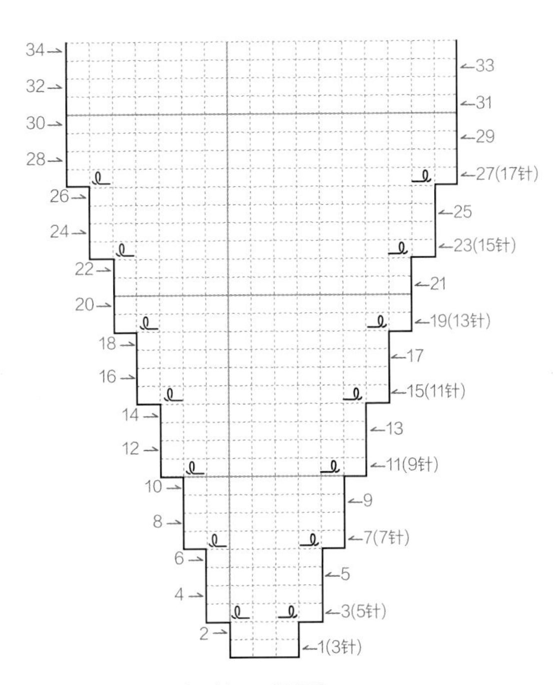

起3针，下针起头

- ▯＝□ 下针 (K)
- ⊟ 上针 (P)
- 下针1针放2针的加针 (kfb)
- 上针1针放2针的加针 (pfb)
- 下针向左扭针加针 (M1L)
- 下针向右扭针加针 (M1R)
- 下针左上2针并1针 (k2tog)
- 下针右上2针并1针 (skpo)

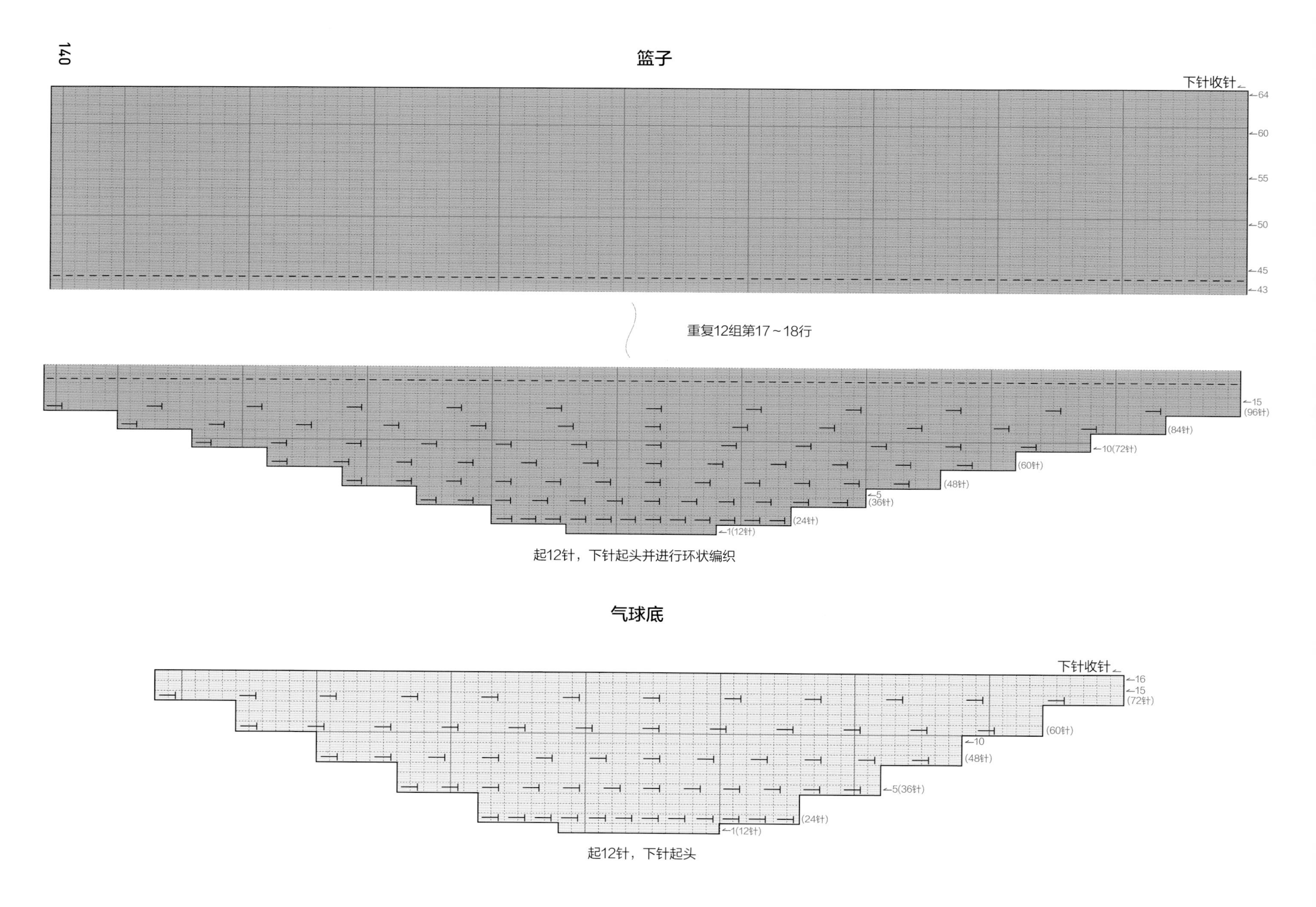
篮子
下针收针
64
60
55
50
45
43
重复12组第17～18行
15
(96针)
(84针)
10(72针)
(60针)
(48针)
5
(36针)
(24针)
1(12针)
起12针，下针起头并进行环状编织
气球底
下针收针
16
15
(72针)
(60针)
10
(48针)
5(36针)
(24针)
1(12针)
起12针，下针起头

组装

1. 从气球的起针行开始缝合至收针行。顺序：象牙白色–淡紫色–象牙白色–粉色–象牙白色–淡黄色–象牙白色–天蓝色。

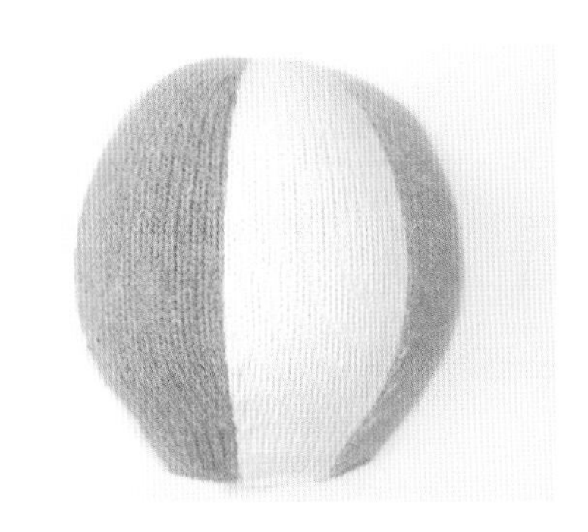

2. 用手捏出气球的形状并填充棉花，注意不要让棉花结块。

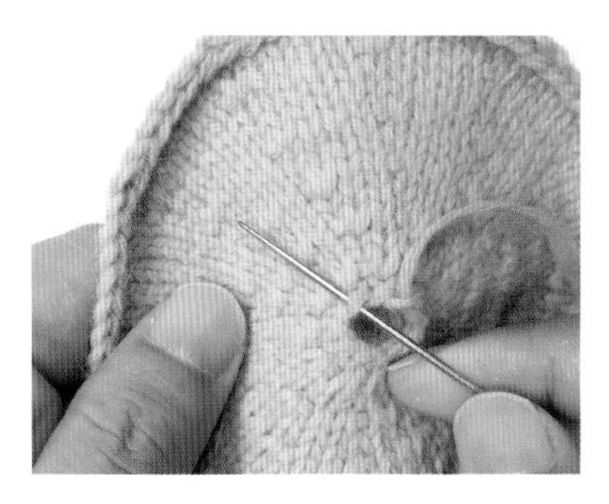

3. 将气球底的洞（起始行）沿一个方向（由内向外或由外向内）收紧缝合，然后拉紧并打结。

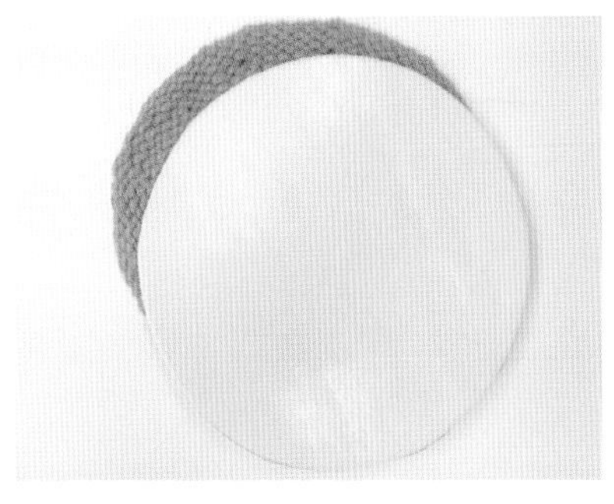

4. 将棉芯剪成气球底大小的圆并用木工胶黏合。

5. 将气球底缝合在已经填充好棉花的气球上。

6. 将起伏编织的部分和平针编织的部分对折。

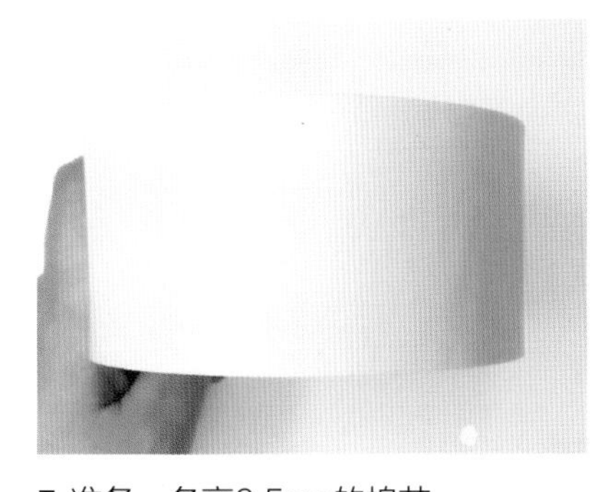

7. 准备一条高6.5cm的棉芯。

※ 棉芯的大小：根据使用的线和针或织片的大小调节。

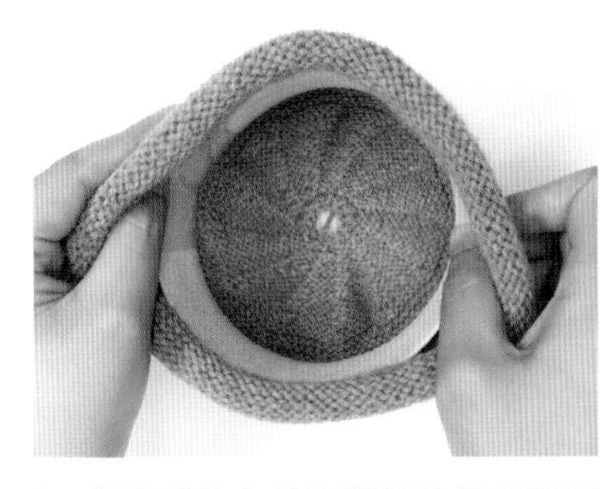

8. 将棉芯放入并调整好位置用手固定。

9. 锁边缝合。

10. 将篮子底的洞（起始行）沿一个方向（由内向外或由外向内）收紧缝合。

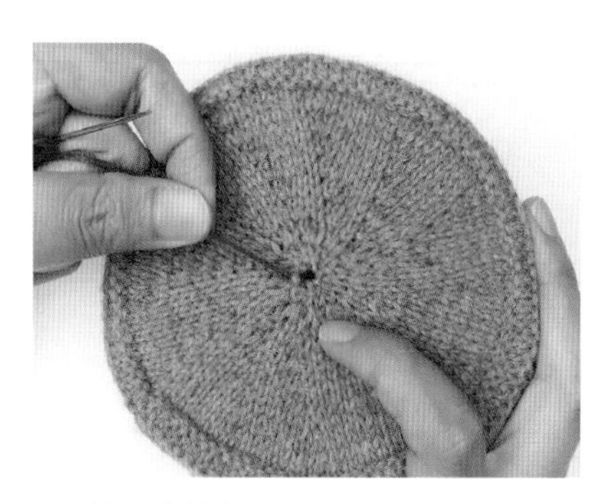

11. 拉紧线并打结。

12. 用水消笔在气球底和篮子顶部对应着各点4个点。

13. 在直径2mm的木棒上黏好双面胶并在上面缠麻绳。用锥子在画好的点上戳洞，并将木棒插入。

14. 用锥子在气球底部标记的点上戳洞，将木棒插入并用胶枪黏合。

17·18

圣诞老人 · 圣诞麋鹿

× × × × ×

麋鹿和圣诞老人总是一起出现，
从装束一眼就可以认出圣诞老人，
再加上一棵圣诞树的话就更有圣诞节的氛围了。

预览

准备材料

大小：21cm

☑ **圣诞老人**

线：Filatura Di Crosa New Sportwool，红色；Vincent 3p，亮粉色；羊驼毛（Rowan Alpaca Classic），淡绿色；婴羊驼毛 DK（King cole Baby Alpaca DK），炭黑色；Phildar Phil Light，象牙白色；马海毛（Phildar Partner 3.5），黄色

针：2.5mm棒针

密度：平针编织 32针×40行（10cm×10cm）

☑ **胡子**

线：Phildar Phil Douce，象牙白色

针：2.5mm棒针

密度：平针编织 23针×37行（10cm×10cm）

其他：棉芯、6mm玩偶眼睛、毛线缝针、棉花、防解别针、记号扣、气消笔（或水消笔）、布艺彩色铅笔（或布艺墨水）、珠针、钳子

工具和针法：参考第187~216页

编织说明使用方法

- 同一行中重复针法用“【 】×次”表示。
- 有配色的部分用与线颜色相近的文字标记。

编织图使用方法

- 编织图用符号表示正面花形，编织时正面按照符号编织，反面则应编织与符号相反的针法。
- 编织图两侧的箭头表示行针方向，数字表示行数和针数。
- 需要使用记号扣的位置请参考编织说明。

编织说明 PATTERN ×××××

右腿

- 用红色线起22针
- 在第6针和第7针之间用记号扣或其他颜色的线标记

第1~19行：上针起头，平针编织19行；（共22针）

- 在第19行的第1针和第2针之间、第21针和第22针之间用记号扣或其他颜色的线标记
- 断线，将织物移动到防解别针或其他针上

左腿

- 用红色线起22针
- 在第16针和第17针之间用记号扣或其他颜色的线标记

第1~19行：上针起头，平针编织19行；（共22针）

- 在第19行的第1针和第2针之间、第21针和第22针之间用记号扣或其他颜色的线标记
- 不断线，保持原状

身体

- 连接双腿

第20行：下针22针，继续织刚刚放在其他针上的右腿；（共44针）

第21~27行：平针编织7行；（共44针）

- 换象牙白色线

第28~33行：平针编织6行；（共44针）

第34行：下针10针，左上2针并1针，下针20针，左上2针并1针，下针10针；（共42针）

第35~41行：平针编织7行；（共42针）

第42行：下针1针，【下针7针，右上2针并1针，下针2针，左上2针并1针，下针7针】2次，下针1针；（共38针）

第43~45行：平针编织3行；（共38针）

第46行：下针1针，【下针7针，右上2针并1针，左上2针并1针，下针7针】2次，下针1针；（共34针）

第47行：上针1行；（共34针）

第48行：下针1针，【下针1针，左上2针并1针，下针1针】8次，下针1针；（共26针）

第49~50行：平针编织2行；（共26针）

脸

- 换亮粉色线

第51行：上针1行；（共26针）

第52行：下针1针，【下针1针，下针1针放2针的加针】12次，下针1针；（共38针）

第53~55行：平针编织3行；（共38针）

第56行：下针1针，【下针1针，向左扭针加针，下针2针】12次，下针1针；（共50针）

第57~59行：平针编织3行；（共50针）

第60行：下针14针，【下针1针，向右扭针加针】5次，下针12针，【向左扭针加针，下针1针】5次，下针14针；（共60针）

第61~66行：平针编织6行；（共60针）

- 在第66行的第30针和第31针之间用记号扣或其他颜色的线标记

第67~83行：平针编织17行；（共60针）

第84行：【下针3针，左上2针并1针】12次；（共48针）

第85行：上针1行；（共48针）

第86行：【下针2针，左上2针并1针】12次；（共36针）

第87行：上针1行；（共36针）

第88行：【下针1针，左上2针并1针】12次；（共24针）

第89行：上针1行；（共24针）

第90行：【左上2针并1针】12次；（共12针）

- 捆绑收针

鞋子（2片）

- 用炭黑色线起20针

第1行：下针1针，【下针1针放2针的加针】2次，下针5针，【下针1针放2针的加针】4次，下针5针，【下针1针放2针的加针】2次，下针1针；（共28针）

第2行：上针1行；（共28针）

第3行：下针1针，【下针1针放2针的加针，下针1针】2次，下针5针，【下针1针放2针的加针，下针1针】4次，下针5针，【下针1针，下针1针放2针的加针】2次，下针1针；（共36针）

第4行：上针1行；（共36针）

第5~6行：下针1行；（共36针）

第7~12行：平针编织6行；（共36针）

第13行：下针11针，【左上2针并1针】2次，【左上3针并1针】2次，【左上2针并1针】2次，下针11针；（共28针）

第14行：下针1行；（共28针）

第15行：下针8针，【左上2针并1针】6次，下针8针；（共22针）

- 上针收针

鼻子

• 用亮粉色线起8针

第1~3行：上针起头，平针编织3行；（共8针）

• 捆绑收针

胳膊（2片）

• 用红色线起8针

第1行：上针1行；（共8针）

第2行：下针1针，向右扭针加针，下针6针，向左扭针加针，下针1针；（共10针）

第3行：上针1行；（共10针）

第4行：下针1针，向右扭针加针，下针8针，向左扭针加针，下针1针；（共12针）

第5行：上针1行；（共12针）

第6行：下针1针，向右扭针加针，下针10针，向左扭针加针，下针1针；（共14针）

第7行：上针1行；（共14针）

第8行：卷针加针2次，下针16针；（共16针）

• 第1针卷针加针和第2针卷针加针之间用记号扣或其他颜色的线标记

第9行：卷针加针2次，上针18针；（共18针）

• 第1针卷针加针和第2针卷针加针之间用记号扣或其他颜色的线标记

第10~25行：平针编织16行；（共18针）

• 换象牙白色马海毛线

第26~28行：下针3行；（共18针）

第29行：【下针2针，上针左上2针并1针，下针2针】3次；（共15针）

• 换淡绿色线

第30行：【下针1针，左上2针并1针，下针2针】3次；（共12针）

第31行：上针1行；（共12针）

第32行：【下针1针，下针1针放2针的加针，下针1针】4次；（共16针）

第33~39行：平针编织7行；（共16针）

第40行：下针1针，【左上2针并1针】7次，下针1针；（共9针）

• 捆绑收针

耳朵（2片）

• 用亮粉色线起12针

第1~2行：下针起头，平针编织2行；（共12针）

第3行：【左上2针并1针】6次；（共6针）

• 捆绑收针

胡子

• 用象牙白色水棉纱线起20针

第1行：下针1针放2针的加针，下针18针，下针1针放2针的加针；（共22针）

第2~4行：平针编织3行；（共22针）

第5行：下针1针放2针的加针，下针20针，下针1针放2针的加针；（共24针）

第6~8行：平针编织3行；（共24针）

第9行：下针1针放2针的加针，下针22针，下针1针放2针的加针；（共26针）

第10~12行：平针编织3行；（共26针）

第13行：下针1针放2针的加针，下针24针，下针1针放2针的加针；（共28针）

第14行：上针1行；（共28行）

第15行❶：下针4针；

第16行❶：将织物翻转（反面翻到正面）在左棒针上的线圈上（第15行织的4针）织4针上针；

第15行❷：收12针，下针4针；

第16行❷：将织物翻转（反面翻到正面）在左棒针上的线圈上（第15行织的4针）织4针上针；

第15行❸：收12针，下针4针；

第16行❸：上针4针；

• 下针收针

腰带

• 用黄色线起22针

• 上针收针

夹克

• 用象牙白色马海毛起31针

第1行：下针1针，【下针1针放2针的加针，下针2针】10次；（共41针）

• 从第2行到第19行要用象牙白色马海毛和红色线进行配色

• 象牙白色线用（白），红色线用（红）进行标记

第2行：（红）下针19针，（白）下针3针，（红）下针19针；（共41针）

第3行：（红）上针19针，（白）下针3针，（红）上针19针；（共41针）

第4行：（红）下针9针，（红）【向左扭针加针，下针2针】5

次，（白）下针3针，（红）【下针2针，向左扭针加针】5次，（红）下针9针；（共51针）

第5行：（红）上针24针，（白）下针3针，（红）上针24针；（共51针）

第6行：（红）下针24针，（白）下针3针，（红）下针24针；（共51针）

第7行：（红）上针24针，（白）下针3针，（红）上针24针；（共51针）

第8行：（红）下针24针，（白）下针3针，（红）下针24针；（共51针）

第9行：（红）上针24针，（白）下针3针，（红）上针24针；（共51针）

第10行：（红）下针24针，（白）下针3针，（红）下针24针；（共51针）

第11行：（红）上针24针，（白）下针3针，（红）上针24针；（共51针）

第12行：（红）下针9针，（红）【向左扭针加针，下针3针】5次，（白）下针3针，（红）【下针3针，向左扭针加针】5次，（红）下针9针；（共61针）

第13行：（红）上针29针，（白）下针3针，（红）上针29针；（共61针）

第14行：（红）下针29针，（白）下针3针，（红）下针29针；（共61针）

第15行：（红）上针29针，（白）下针3针，（红）上针29针；（共61针）

第16行：（红）下针29针，（白）下针3针，（红）下针29针；（共61针）

第17行：（红）上针29针，（白）下针3针，（红）上针29针；（共61针）

第18行：（红）下针29针，（白）下针3针，（红）下针29针；（共61针）

第19行：（红）上针29针，（白）下针3针，（红）上针29针；（共61针）

• 换炭黑色线

第20~21行：下针2行；（共61针）

第22行：下针9针，【向左扭针加针，下针4针】5次，下针3针，【下针4针，向左扭针加针】5次，下针9针；（共71针）

第23行：上针1行；（共71针）

第24~25行：下针2行；（共71针）

• 从第26行到第29行要用象牙白色马海毛和红色线进行配色

• 象牙白色线用（白），红色线用（红）进行标记

第26行：（红）下针34针，（白）下针3针，（红）下针34针；（共71针）

第27行：（红）上针34针，（白）下针3针，（红）上针34针；（共71针）

第28行：（红）下针34针，（白）下针3针，（红）下针34针；（共71针）

第29行：（红）上针34针，（白）下针3针，（红）上针34针；（共71针）

• 换象牙白色马海毛线

第30~32行：下针3行；（共71针）

• 上针收针

帽子

• 用象牙白色马海毛线起66针

环状编织第1行：上针1行；（共66针）

环状编织第2行：下针1行；（共66针）

环状编织第3行：上针1行；（共66针）

• 换红色线

环状编织第4~7行：下针4行；（共66针）

第8行：【下针4针，左上2针并1针，下针5针】6次；（共60针）

环状编织第9~15行：下针7行；（共60针）

第16行：【下针2针，左上2针并1针，下针2针】10次；（共50针）

环状编织第17~21行：下针5行；（共50针）

第22行：【下针2针，左上2针并1针，下针1针】10次；（共40针）

环状编织第23~27行：下针5行；（共40针）

第28行：【下针1针，左上2针并1针，下针1针】10次；（共30针）

环状编织第29~33行：下针5行；（共30针）

第34行：【左上2针并1针，下针1针】10次；（共20针）

环状编织第35~41行：下针7行；（共20针）

第42行：【左上2针并1针】10次；（共10针）

环状编织第43~51行：下针9行；（共10针）

• 换象牙白色马海毛线

环状编织第52行：下针1行；（共10针）

环状编织第53行：【上针1针，上针1针放2针的加针】5次；（共15针）

环状编织第54行：下针1行；（共15针）

环状编织第55行：上针1行；（共15针）

环状编织第56行：下针1行；（共15针）

环状编织第57行：上针1行；（共15针）

环状编织第58行：下针1行；（共15针）

环状编织第59行：上针1行；（共15针）

环状编织第60行：下针1针，【左上2针并1针】7次；（共8针）

• 捆绑收针

编织图 ×××××

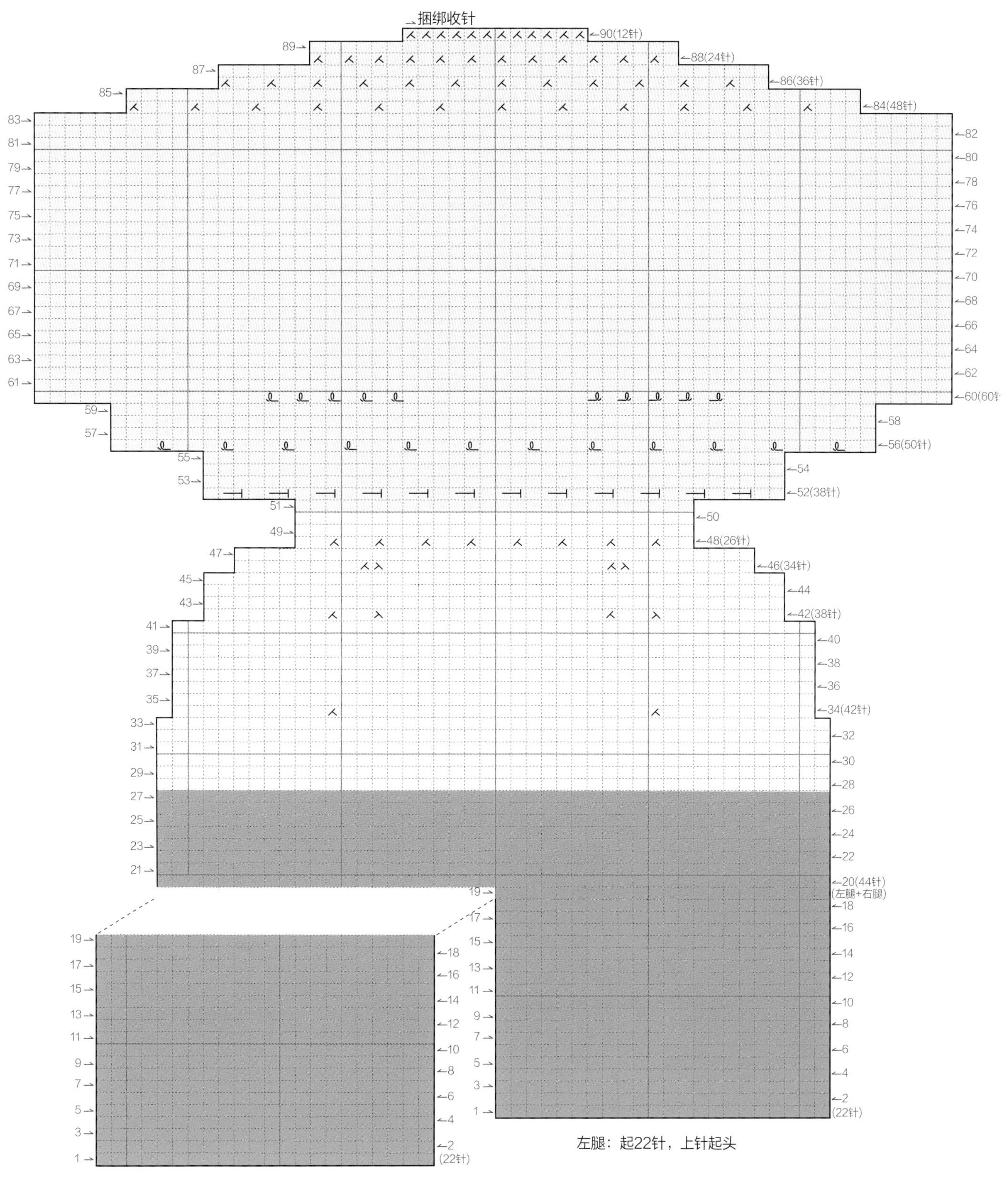

腿、身体、脸
捆绑收针
90(12针)
88(24针)
86(36针)
84(48针)
60(60针)
56(50针)
52(38针)
48(26针)
46(34针)
42(38针)
34(42针)
20(44针)
(左腿+右腿)
(22针)
左腿：起22针，上针起头
右腿：起22针，上针起头

帽子

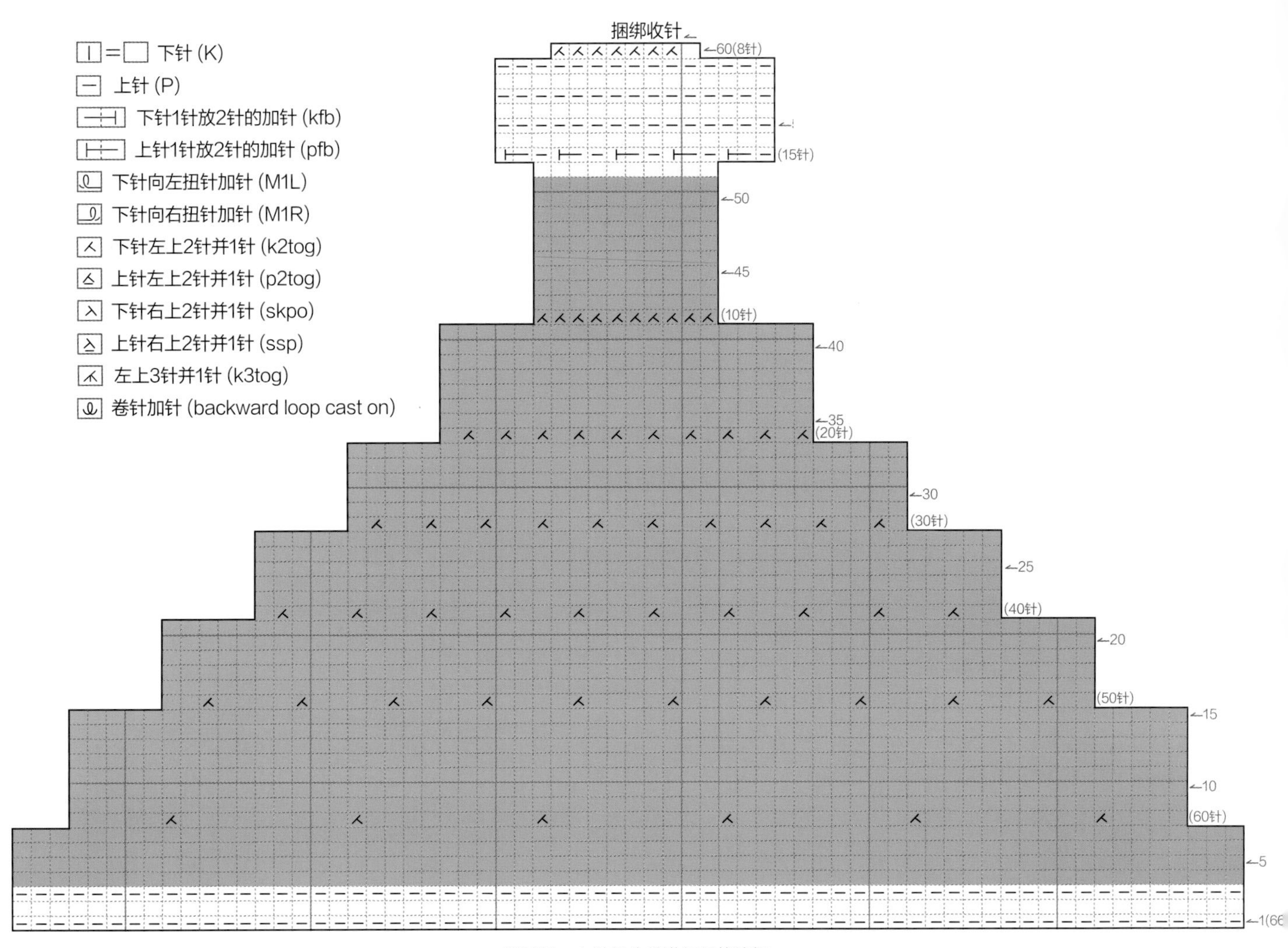

起66针，上针起头并进行环状编织

夹克

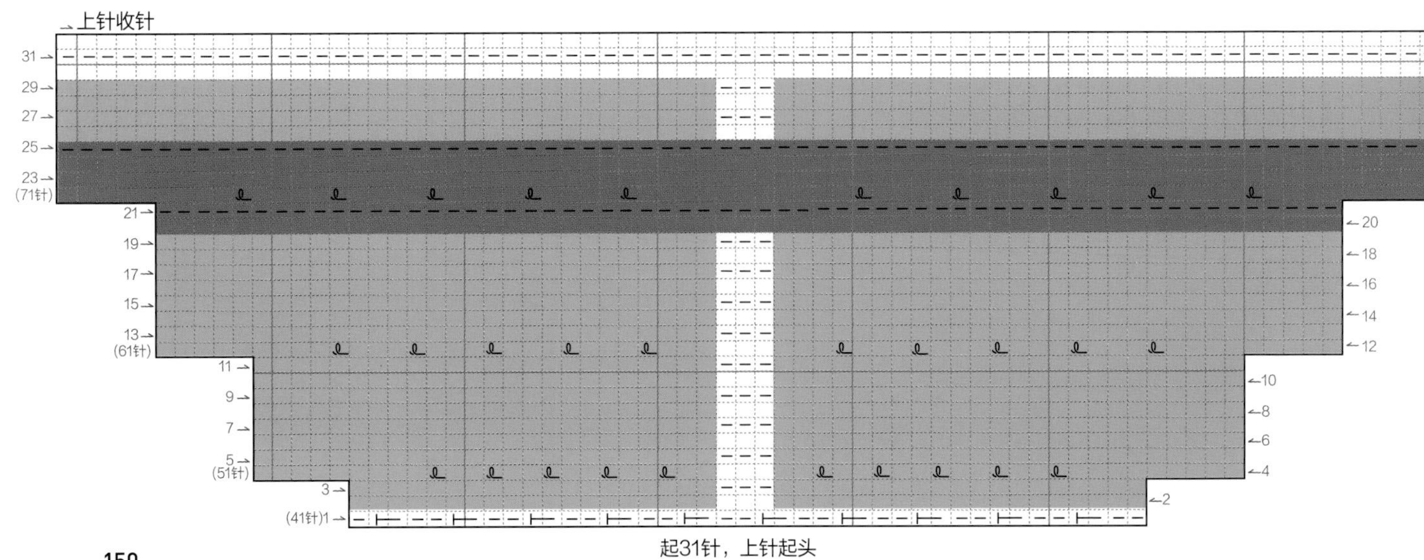

起31针，上针起头

鞋子（2片）

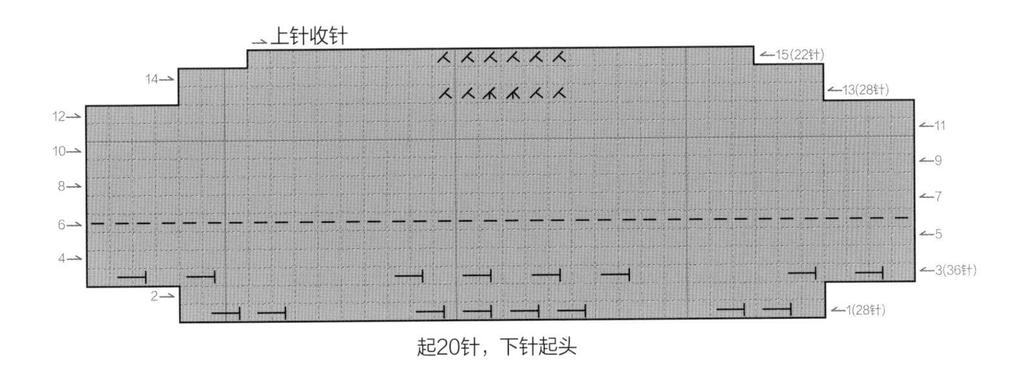

起20针，下针起头

胡子

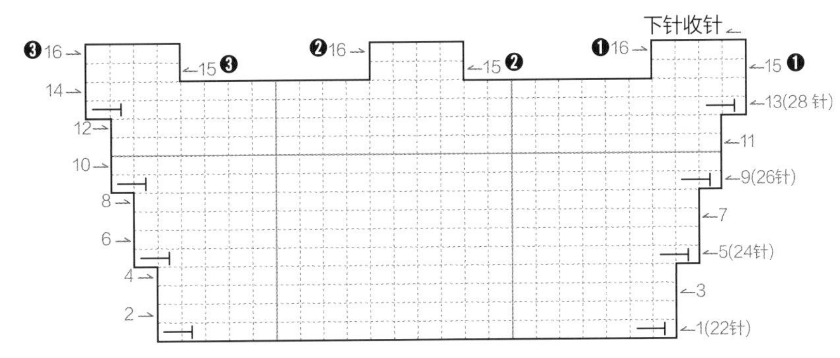

起20针，下针起头

胳膊（2片）

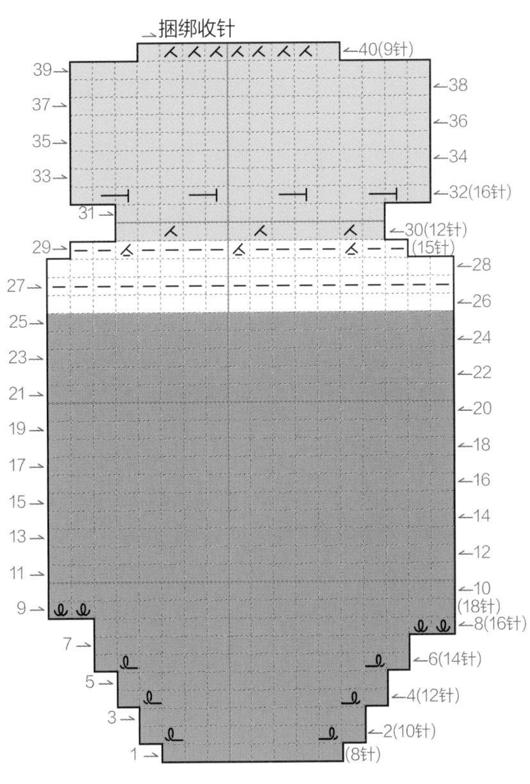

起8针，上针起头

耳朵（2片）

捆绑收针

3(6针)

起12针，下针起头

鼻子

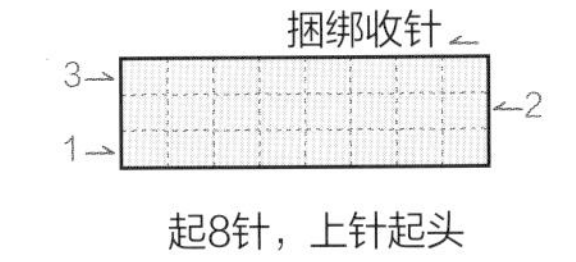

起8针，上针起头

※腰带请参考147页的编织说明。

组装身体

1. 从头部捆绑收针的位置开始，缝合至脸部的起始行下方约1cm处。

2. 将两条腿各自缝合至记号扣标记的位置。

3. 将身体缝合。

分出脖子和脸

4. 留出2～3cm的洞并填入棉花，填好后将洞口缝合。

5. 将针依次穿入脸部起始行的前一行（第49行，即换成脸部颜色前的最后一行象牙白色）上的线圈。

6. 拉紧线并打结。

组装鼻子

7. 将针插入打结的位置并在远处穿出，拉紧线把结藏在玩偶里面。

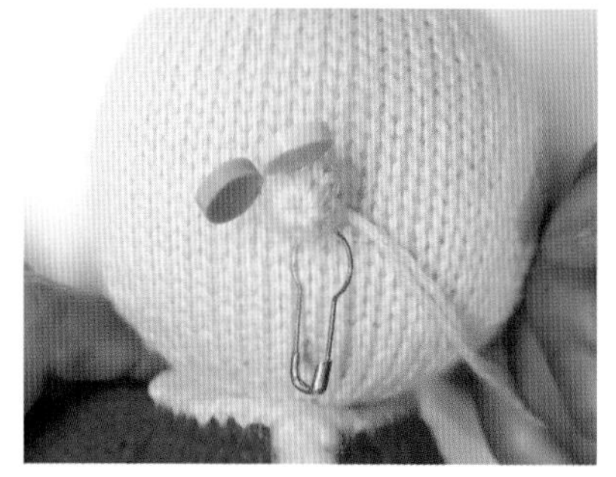

8. 将鼻子从捆绑收针的位置缝合至起始行，并用珠针将鼻子固定在第65行上记号扣的位置下面。

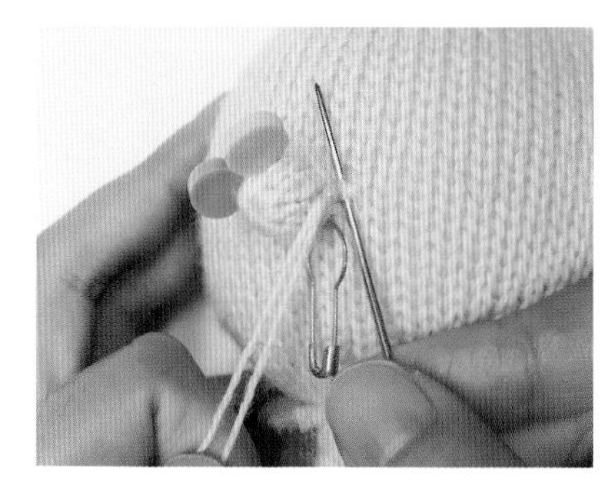

9. 将鼻子的底端缝合在脸上，注意拉紧线以隐藏缝合的痕迹。

组装眼睛

10. 将眼睛缝在中心位置往左右两边各数4针的位置上（双眼间隔8针），并在眼睛下面涂上腮红。

组装耳朵

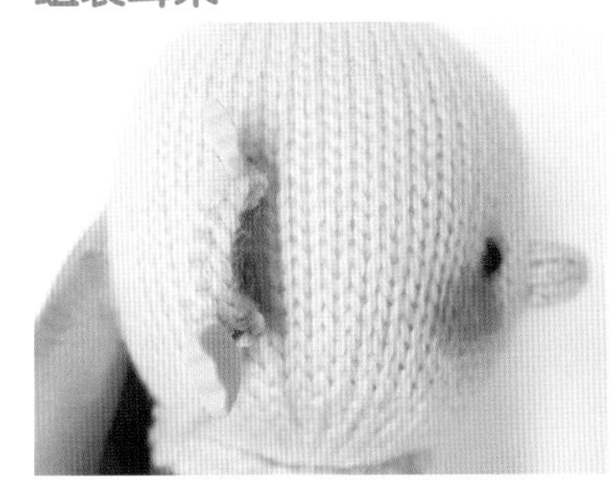

11. 用珠针将耳朵固定在脸部两侧。

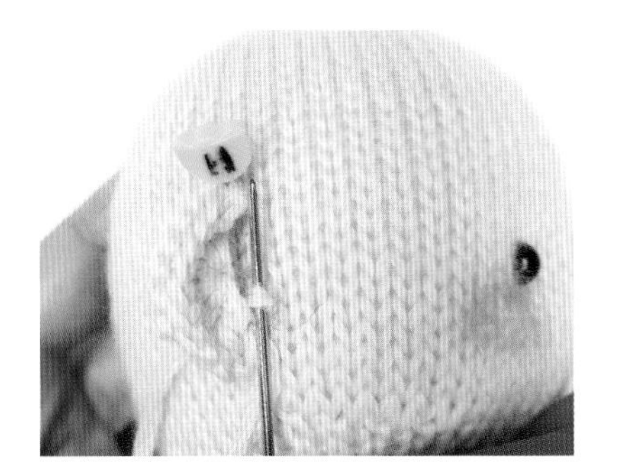

12. 将耳朵的两端与脸部缝合。

组装胡子

13. 将胡子的中心固定在鼻子的下面。用珠针将胡子固定在脸上并使其包裹下巴。

14. 用细线将胡子与脸部缝合，留出洞口并塞入棉花。

15. 在胡子的中央用直线绣（参考第212页）绣出嘴巴。

组装鞋

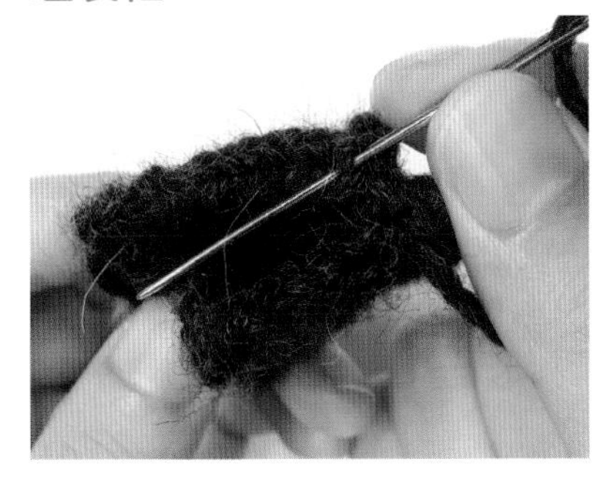

16. 从收针行缝合至起针行。

17. 将起针行收紧缝合。

18. 缝好鞋子的样子。

19. 将较硬的棉芯剪成鞋底的形状，放入鞋子后填充棉花。

20. 将鞋子的中心和腿部的记号扣对齐并用珠针固定。

21. 将针插入腿部的最下面一行。

22. 再将针插入鞋子的最上面一行，反复步骤21～22，依次将鞋子与腿缝合。

组装夹克

23. 从夹克的起始行开始向上缝合。

24. 缝合一半之后套在圣诞老人的身上继续缝合。

组装胳膊

25. 从捆绑收针的位置开始缝合至挂记号扣的位置并填充棉花。

26. 用珠针将胳膊固定在夹克的红色最后一行。

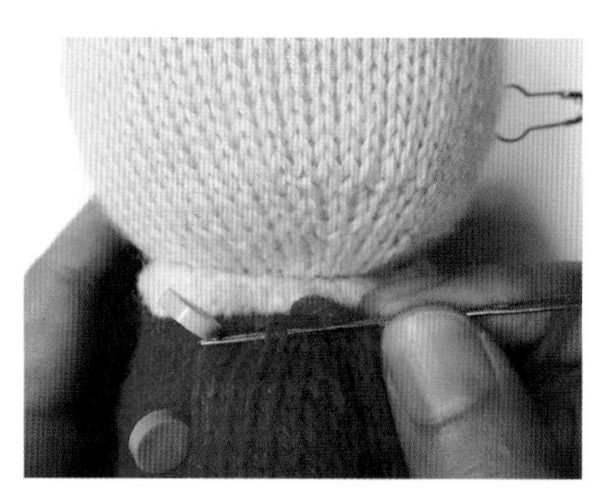

27. 将胳膊的边沿行缝合在夹克上。

预览

准备材料

☑ **麋鹿**

大小：15cm

线：婴羊驼毛 DK（King cole Baby Alpaca DK），灰褐色、褐色、象牙白色、绿色、大红色、橘红色、金色

针：2.5mm棒针

密度：平针编织 31针×39行（10cm×10cm）

☑ **树**

大小：19cm

针：2.5mm棒针

线：婴羊驼毛 DK（King cole Baby Alpaca DK），橘红色、绿色；纱线，金色

针：2.5mm棒针

密度：平针编织 31针×39行（10cm×10cm）

其他：6mm玻璃眼睛、手工用金属丝、毛线缝针、棉花、防解别针、记号扣、气消笔（或水消笔）、布艺彩色铅笔（或布艺墨水）、无纺布、珠针、钳子

工具和针法：参考第187~216页

编织说明使用方法

- 同一行中重复针法用“【 】×次”表示。
- 有配色的部分用与线颜色相近的文字标记。

编织图使用方法

- 编织图用符号表示正面花形，编织时正面按照符号编织，反面则应编织与符号相反的针法。
- 编织图两侧的箭头表示行针方向，数字表示行数和针数。
- 需要使用记号扣的位置请参考编织说明。

编织说明 PATTERN ×××××

右腿

* 用灰褐色线起12针

第1行：上针12针；（共12针）

第2行：下针1针，【下针1针放2针的加针】10次，下针1针；（共22针）

第3~4行：平针编织2行；（共22针）

• 换褐色线

第5行：上针1行；（共22针）

• 在第5行的第1针和第2针之间、第21针和第22针之间用记号扣或其他颜色的线标记**

• 断线，将织物移动到防解别针或其他针上

左腿

• 重复右腿部分的*到**

• 不断线，保持原状

身体

• 连接双腿：织完左腿继续织右腿

第6行：在左腿第22针的位置织下针20针，右上2针并1针，继续织刚刚放在其他针上的右腿，左上2针并1针，下针20针；（共42针）

第7行：上针1行；（共42针）

第8行：下针1针，【下针3针，下针1针放2针的加针】10次，下针1针；（共52针）

第9~21行：平针编织13行；（共52针）

• 从第22行到第48行要用象牙白色线和褐色线进行配色

• 象牙白色线用（白），褐色线用（褐）进行标记

第22行：（褐）下针25针，（白）下针2针，（褐）下针25针；（共52针）

第23行：（褐）上针25针，（白）上针2针，（褐）上针25针；（共52针）

第24行：（褐）下针12针，（褐）右上2针并1针，（褐）左上2针并1针，（褐）下针8针，（白）下针4针，（褐）下针8针，（褐）右上2针并1针，（褐）左上2针并1针，（褐）下针12针；（共48针）

第25行：（褐）上针22针，（白）上针4针，（褐）上针22针；（共48针）

第26行：（褐）下针21针，（白）下针6针，（褐）下针21针；（共48针）

第27行：（褐）上针21针，（白）上针6针，（褐）上针21针；（共48针）

第28行：（褐）下针11针，（褐）右上2针并1针，（褐）左上2针并1针，（褐）下针5针，（白）下针8针，（褐）下针5针，（褐）右上2针并1针，（褐）左上2针并1针，（褐）下12针；（共44针）

第29行：（褐）上针18针，（白）上针8针，（褐）上针18针；（共44针）

第30行：（褐）下针17针，（白）下针10针，（褐）下针17针；（共44针）

第31行：（褐）上针17针，（白）上针10针，（褐）上针17针；（共44针）

第32行：（褐）【下针2针，左上2针并1针】2次，（褐）下针2针，（褐）右上2针并1针，（褐）左上2针并1针，（褐）下针1针，（白）【下针2针，左上2针并1针】3次，（白）下针2针，（褐）下针1针，（褐）右上2针并1针，（褐）【左上2针并1针，下针2针】3次；（共33针）

第33行：（褐）上针11针，（白）上针11针，（褐）上针11针；（共33针）

脸

第34行：（褐）下针1针，（褐）【下针1针放2针的加针】10次，（白）【下针1针放2针的加针】11次，（褐）【下针1针放2针的加针】10次，（褐）下针1针；（共64针）

第35行：（褐）上针21针，（白）上针22针，（褐）上针21针；（共64针）

第36行：（褐）下针21针，（白）下针22针，（褐）下针21针；（共64针）

第37行：（褐）上针21针，（白）上针22针，（褐）上针21针；（共64针）

第38行：（褐）下针22针，（白）下针20针，（褐）下针22针；（共64针）

第39行：（褐）上针23针，（白）上针18针，（褐）上针23针；（共64针）

第40行：（褐）下针24针，（白）下针16针，（褐）下针24针；（共64针）

第41行：（褐）上针26针，（白）上针12针，（褐）上针26针；（共64针）

第42行：（褐）下针28针，（白）下针8针，（褐）下针28针；（共64针）

第43行：（褐）上针30针，（白）上针4针，（褐）上针30针；（共64针）

• 剪断象牙白色线，只用褐色线织

第44~49行：平针编织6行；（共64针）

第50行：下针15针，右上2针并1针，左上2针并1针，下针26

针，右上2针并1针，左上2针并1针，下针15针；（共60针）

第51行：上针1行；（共60针）

第52行：下针14针，右上2针并1针，左上2针并1针，下针24针，右上2针并1针，左上2针并1针，下针14针；（共56针）

第53~55行：平针编织3行；（共56针）

第56行：下针1针，【下针4针，左上2针并1针】9次，下针1针；（共47针）

第57行：上针1行；（共47针）

第58行：下针1针，【下针3针，左上2针并1针】9次，下针1针；（共38针）

第59行：上针1行；（共38针）

第60行：下针1针，【下针2针，左上2针并1针】9次，下针1针；（共29针）

第61行：上针1行；（共29针）

第62行：下针1针，【下针1针，左上2针并1针】9次，下针1针；（共20针）

第63行：上针1行；（共20针）

第64行：下针1针，【左上2针并1针】9次，下针1针；（共11针）

• 捆绑收针后，留出可以用于缝合的长度并断线

胳膊（2片）

• 用褐色线起8针

第1行：上针1行；（共8针）

第2行：下针1针，向右扭针加针，下针6针，向左扭针加针，下针1针；（共10针）

第3行：上针1行；（共10针）

第4行：下针1针，向右扭针加针，下针8针，向左扭针加针，下针1针；（共12针）

第5行：上针1行；（共12针）

第6行：【下针1针，向右扭针加针】2次，下针8针，【向左扭针加针，下针1针】2次；（共16针）

第7~14行：平针编织8行；（共16针）

• 换灰褐色线

第15~17行：平针编织3行；（共16针）

第18行：下针1针，【左上2针并1针】7次，下针1针；（共9针）

• 捆绑收针

耳朵后面（2片）

• 用褐色线起12针

第1行：上针1行；（共12针）

第2行：下针1针，【下针1针放2针的加针，下针1针】5次，下针1针；（共17针）

第3~5行：平针编织3行；（共17针）

第6行：下针1针，左上2针并1针，下针11针，右上2针并1针，下针1针；（共15针）

第7~9行：平针编织3行；（共15针）

第10行：下针1针，左上2针并1针，【下针2针，左上2针并1针】2次，下针1针，右上2针并1针，下针1针；（共11针）

第11~13行：平针编织3行；（共11针）

第14行：下针1针，左上2针并1针，下针1针，上针3针并1针，下针1针，右上2针并1针，下针1针；（共7针）

第15行：上针1行；（共7针）

第16行：下针1针，左上2针并1针，下针1针，右上2针并1针，下针1针；（共5针）

• 捆绑收针

耳朵前面（2片）

• 用象牙白色线起6针

第1行：上针1行；（共6针）

第2行：【下针1针，下针1针放2针的加针】3次；（共9针）

第3~5行：平针编织3行；（共9针）

第6行：下针1针，左上2针并1针，下针3针，右上2针并1针，下针1针；（共7针）

第7~13行：平针编织7行；（共7针）

第14行：下针1针，左上2针并1针，下针1针，右上2针并1针，下针1针；（共5针）

第15~16行：平针编织2行；（共5针）

• 捆绑收针

尾巴

• 用褐色线起12针

第1行：上针1行；（共12针）

第2行：下针1针，【下针1针，向左扭针加针，下针1针】6次；（共18针）

第3~5行：平针编织3行；（共18针）

第6行：下针1针，【左上2针并1针，下针4针】2次，左上2针并1针，下针2针；（共14针）

第7行：上针1行；（共14针）

第8行：下针1针，【左上2针并1针，下针2针，右上2针并1针】2次，下针1针；（共10针）

• 上针收针

鼻子

・用橘红色线起4针

・上针1行；（共4针）

・下针收针

大角

・用金色线起7针

第1~14行：上针起头，平针编织14行；（共7针）

・捆绑收针

小角

・用金色线起7针

第1~4行：上针起头，平针编织4行；（共7针）

・捆绑收针

围巾

・用绿色线起8针

・从第1行到第69行要用绿色线和红色线进行配色

・绿色线用（绿），红色线用（红）进行标记

第1~3行：（绿）下针起头，平针编织3行；（共8针）

第4~6行：（红）平针编织3行；（共8针）

第7~66行：重复第1~6行10次；（共8针）

第67~69行：（绿）平针编织3行；（共8针）

・下针收针

※ 需要换的线如果在棒针的另一侧时，将棒针上的线圈推至另一侧，原本要织上针的织下针，原本要织下针的织上针。（配色编织的方法请参考第211页）

树

・用绿色线起11针

・要用绿色线和金色线进行配色，没有标注为金色的部分织绿色

第1行：上针1行；（共11针）

第2行：下针1针，【下针1针放2针的加针】9次，下针1针；（共20针）

第3行：上针1行；（共20针）

第4行：【下针1针，下针1针放2针的加针】10次；（共30针）

第5~7行：平针编织3行；（共30针）

第8行：【下针1针，下针1针放2针的加针，下针1针】10次；（共40针）

第9行：上针1行；（共40针）

第10行：【下针1针，下针1针放2针的加针，下针2针】10次；（共50针）

第11行：上针1行；（共50针）

第12行：【下针2针，下针1针放2针的加针，下针2针】10次；（共60针）

第13行：上针1行；（共60针）

第14~17行：起伏编织4行；（共60针）

第18~19行：用金色起伏编织2行；（共60针）

第20行：【下针4针，左上2针并1针，下针4针】6次；（共54针）

第21~23行：起伏编织3行；（共54针）

第24~25行：用金色起伏编织2行；（共54针）

第26行：【下针4针，左上2针并1针，下针3针】6次；（共48针）

第27~29行：起伏编织3行；（共48针）

第30~31行：用金色起伏编织2行；（共48针）

第32行：【下针3针，左上2针并1针，下针3针】6次；（共42针）

第33~35行：起伏编织3行；（共42针）

第36~37行：用金色起伏编织2行；（共42针）

第38行：【下针2针，左上2针并1针，下针3针】6次；（共36针）

第39~43行：起伏编织5行；（共36针）

第44~45行：用金色起伏编织2行；（共36针）

第46行：【下针2针，左上2针并1针，下针2针】6次；（共30针）

第47~51行：起伏编织5行；（共30针）

第52~53行：用金色起伏编织2行；（共30针）

第54行：【下针1针，左上2针并1针，下针2针】6次；（共24针）

第55~59行：起伏编织5行；（共24针）

第60~61行：用金色起伏编织2行；（共24针）

第62行：【下针1针，左上2针并1针，下针1针】6次；（共18针）

第63~65行：起伏编织3行；（共18针）

第66行：【左上2针并1针】9次；（共9针）

第67行：起伏编织1行；（共9针）

第68~69行：用金色起伏编织2行；（共9针）

第70~73行：起伏编织4行；（共9针）

・捆绑收针

树干

・用橘红色线起11针

第1行：上针1行；（共11针）

第2行：下针1针，【下针1针放2针的加针】9次，下针1针；

（共20针）

第3行：上针1行；（共20针）

第4行：【下针1针，下针1针放2针的加针】10次；（共30针）

第5～6行：平针编织2行；（共30针）

第7行：下针1行；（共30针）

第8～19行：平针编织12行；（共30针）

第20～22行：下针3行；（共30针）

第23行：上针1行；（共30针）

第24行：【下针1针，左上2针并1针】10次；（共20针）

第25行：上针1行；（共20针）

第26行：下针1针，【左上2针并1针】9次，下针1针；（共11针）

第27行：上针1行；（共11针）

・下针收针

星星（2片）

・用黄色线起17针并进行环状编织（参考第209页）

第1行：环状编织下针1行；（共17针）

第2行：环状编织【下针2针，下针向左扭加针】8次，下针1针；（共25针）

第3行：*下5针（这5针一直进行平面编织直到收针的行）

第4行：上针1行；（共5针）

第5行：下针1针，左上3针并1针，下针1针；（共3针）

・上针收针**

・在剩余20针的位置接上新的线并重复从*到**的部分

・在剩余15针的位置接上新的线并重复从*到**的部分

・在剩余10针的位置接上新的线并重复从*到**的部分

・在剩余5针的位置接上新的线并重复从*到**的部分

编织图 ×××××

腿、身体、脸

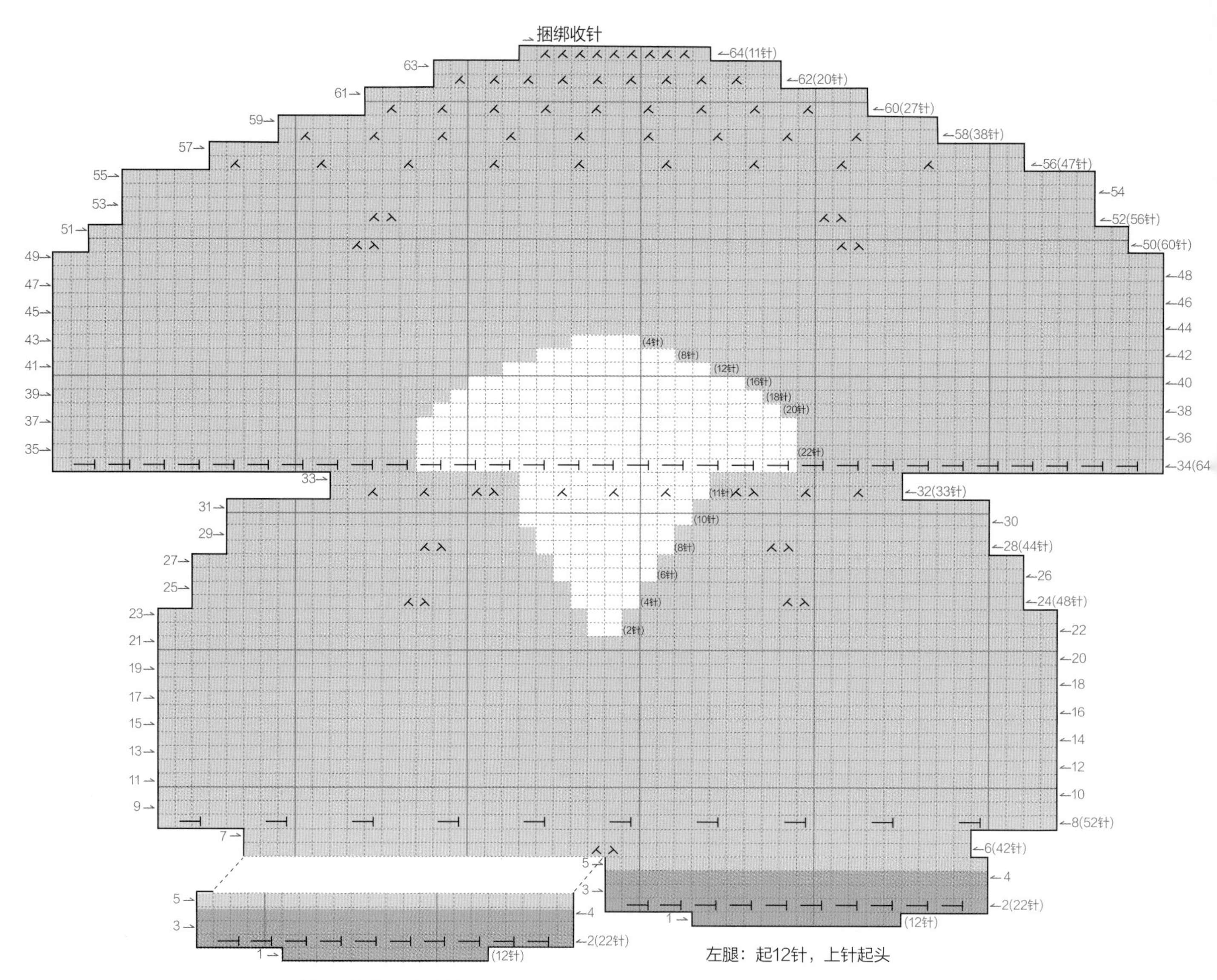

丨=□	下针 (K)
一	上针 (P)
kfb 符号	下针1针放2针的加针 (kfb)
pfb 符号	上针1针放2针的加针 (pfb)
M1L 符号	下针向左扭针加针 (M1L)
M1R 符号	下针向右扭针加针 (M1R)
人	下针左上2针并1针 (k2tog)
入	下针右上2针并1针 (skpo)
木	上3针并1针 (k3tog)

耳朵后面（2片）

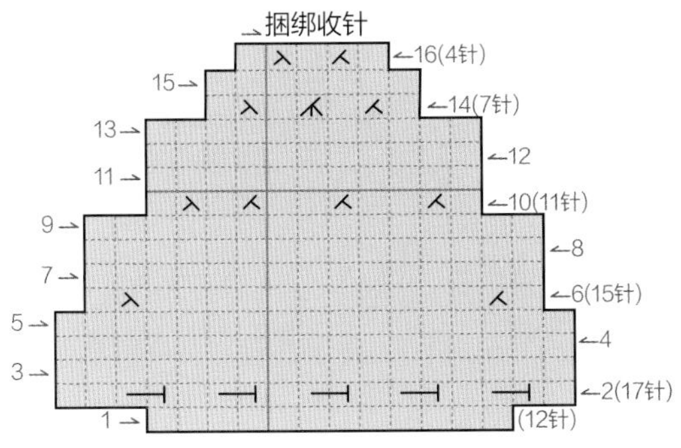

起12针，上针起头

耳朵前面（2片）

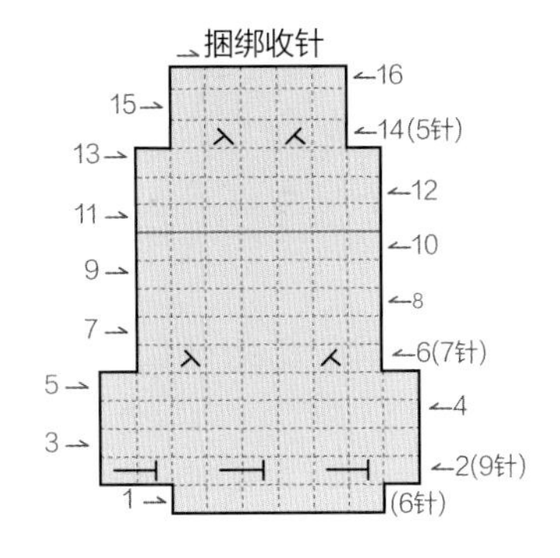

起6针，上针起头

胳膊（2片）

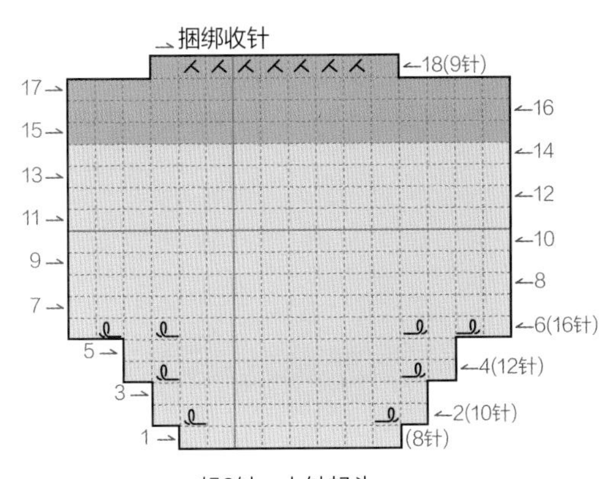

起8针，上针起头

尾巴

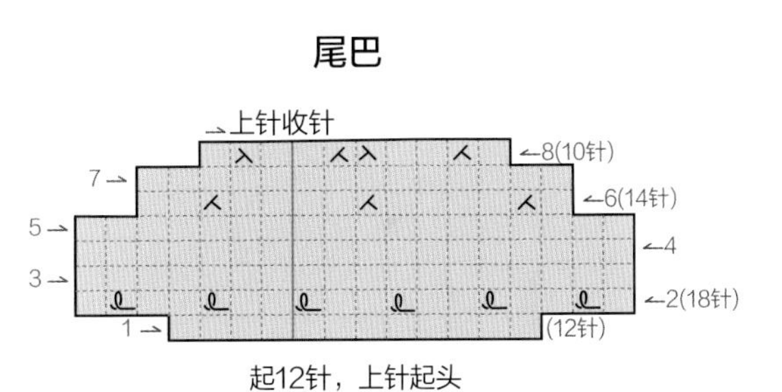

起12针，上针起头

大角

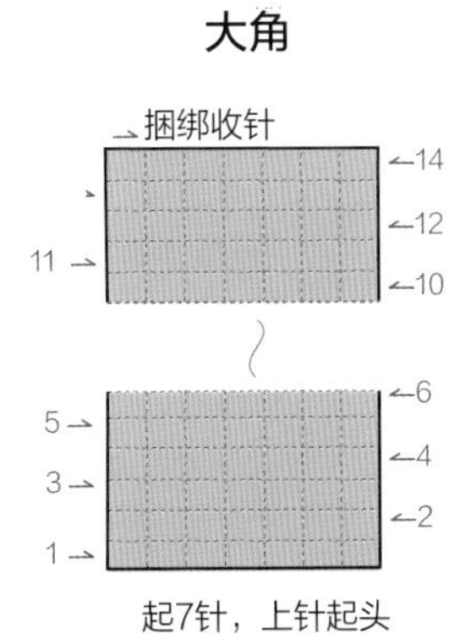

起7针，上针起头

鼻子

下针收针
1

起4针，上针起头

小角

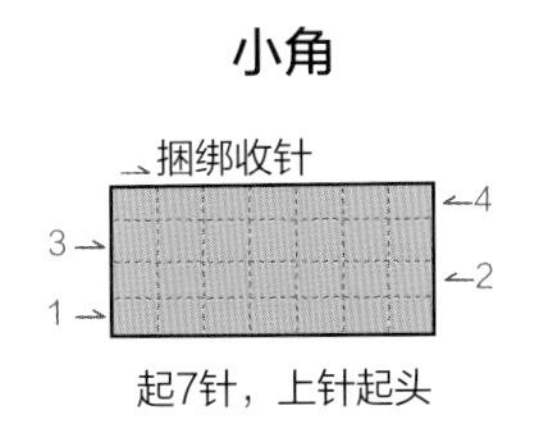

起7针，上针起头

围巾

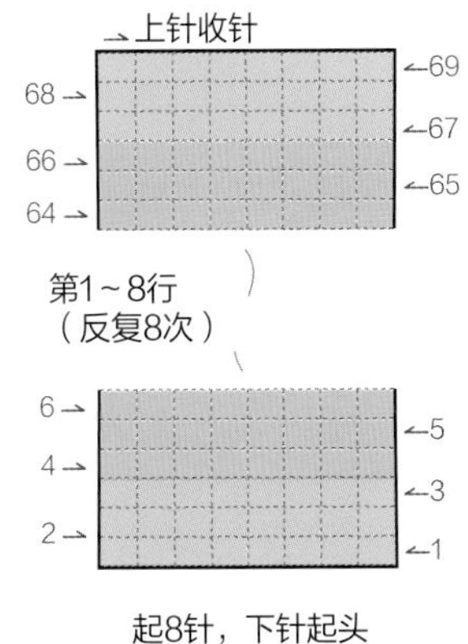

起8针，下针起头

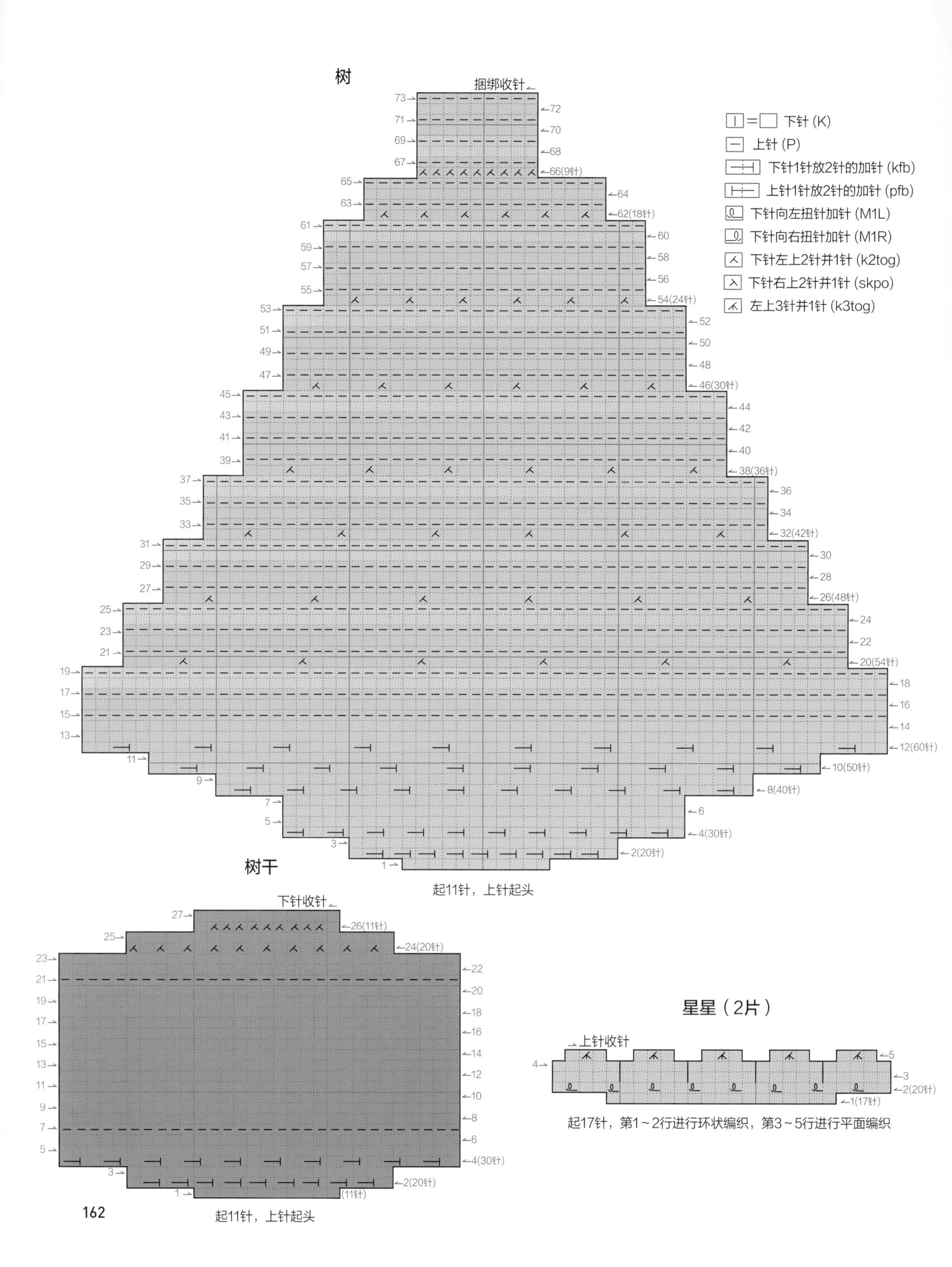
树
捆绑收针
66(9针)
62(18针)
54(24针)
46(30针)
38(36针)
32(42针)
26(48针)
20(54针)
12(60针)
10(50针)
8(40针)
4(30针)
2(20针)
起11针，上针起头
下针 (K)
上针 (P)
下针1针放2针的加针 (kfb)
上针1针放2针的加针 (pfb)
下针向左扭针加针 (M1L)
下针向右扭针加针 (M1R)
下针左上2针并1针 (k2tog)
下针右上2针并1针 (skpo)
左上3针并1针 (k3tog)
树干
下针收针
26(11针)
24(20针)
4(30针)
2(20针)
(11针)
起11针，上针起头
星星（2片）
上针收针
2(20针)
1(17针)
起17针，第1～2行进行环状编织，第3～5行进行平面编织

绣五官

1. 用水消笔画好五官。鼻子画在第42～44行，眼睛画在中心向左右两边各数4针的位置。嘴巴画在脸的起始行往上数3行（第37行）的位置上。

※ 基础款身体的制作请参考第16～19页

2. 将鼻子缝合在换褐色线的第44行和其下象牙白色2行（第42～44行）的位置上。

3. 将鼻子缝合在脸上的样子。

4. 从中心向左右两边各数4针（双眼间隔8针），并将眼睛缝在上面。

5. 将针从下端的其中一个点穿出。

6. 插入另一个点（形成A线）后再从中间点穿出（形成B线）。

7. 将穿出的B线置于A线上方，将针再次插入中间点并拉紧（飞鸟绣请参考第214页）。

组装角

8. 大角和小角都要从捆绑收针的位置开始缝合至起针行。并将小角的起始行缝合在大角的中间。

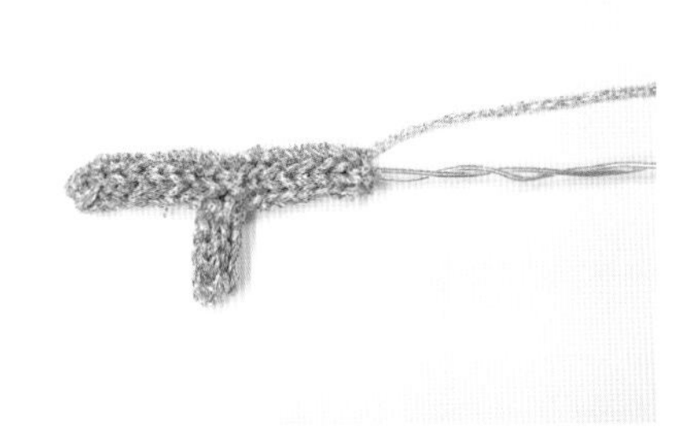

9. 将1mm手工用金属丝对折并插入大角。

10. 用锥子在头部角的位置上戳洞并将金属丝插入洞中。

11. 在洞口处用胶枪黏合好之后将金属丝摆成角的样子。

12. 将角与头缝合。

组装耳朵

13. 将正反2片耳朵的反面相对后将侧边从起针行缝合至捆绑收针的位置。

14. 将捆绑收针的位置再次捆绑收在一起。

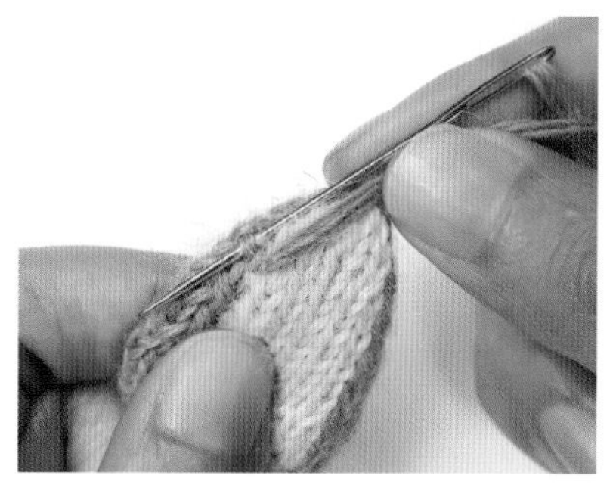

15. 从捆绑收针的位置缝合至起始行。

16. 将耳朵对折，把两边的褐色部分缝在一起并拉紧。

17. 完成耳朵。

18. 在脸的侧面找到减针的位置（第50行），在其上面一行缝一针。

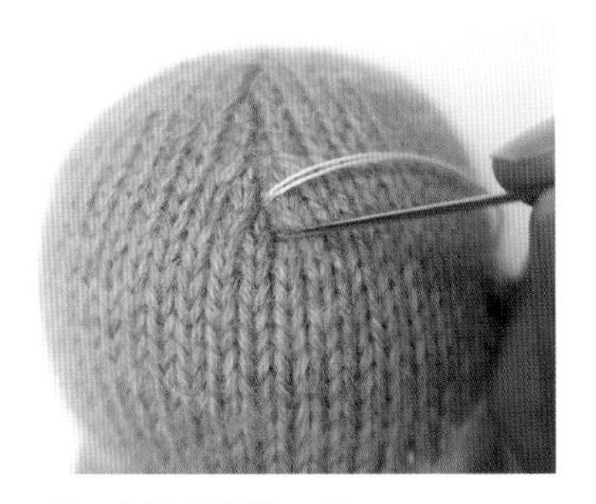

19. 另一侧也同样缝一针。

20. 将线拉紧使其凹陷。

21. 脸两边的减针行（第50行）与耳朵的下端中心对应。

22. 用珠针将耳朵固定后，将耳朵的最下面一行与脸部缝合。

23. 为了隐藏缝合的痕迹，要注意一边缝合一边将线拉紧。

组装尾巴

24. 从起针行缝合至收针行。

25. 将收针行平针缝合，因为此时会产生新的一行所以不要把线拉得太紧。

26. 固定在玩偶背面的下部中心位置上并缝合。

组装树

27. 从捆绑收针的位置开始缝合至起伏编织的起始行（起伏针的缝合请参考第215页）。

28. 用钳子填入棉花后，将棉芯剪成树的底部大小的圆片并放入其中。

29. 将剩余的平针编织的部分缝合。

30. 用缝针将起始行沿一个方向（由内向外或由外向内）进行缝合，最后拉紧并打结。

组装树干

31. 将侧面缝合。

32. 裁剪无纺布并卷成树干的大小并制作成芯子放入织物中。

33. 用缝针将起始行沿一个方向（由内向外或由外向内）进行缝合，最后拉紧并打结。

34. 将树的底部中央与树干用珠针固定在一起。

35. 将其缝合在一起。

组装星星

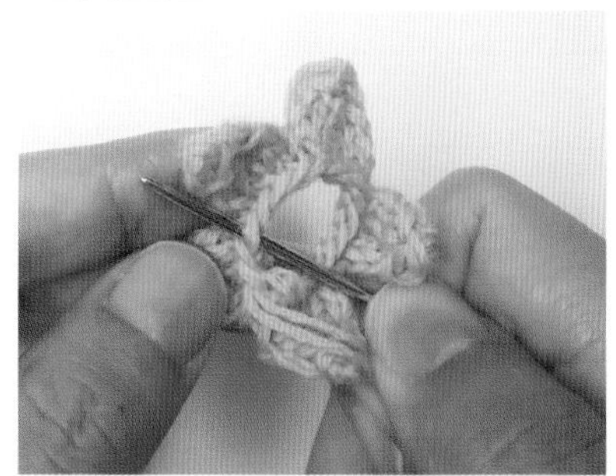

36. 用缝针将起始行沿一个方向（由内向外或由外向内）收紧缝合。

37. 拉线使其微微蜷缩。

38. 将两个星星的反面相对并缝合，稍微放入一些棉花。

39. 将星星固定在树的顶端即可完成。

19

雪人

××××××

圆滚滚又可爱的雪人非常容易制作，
别忘了为站在寒风中的它戴上耳罩和围巾。

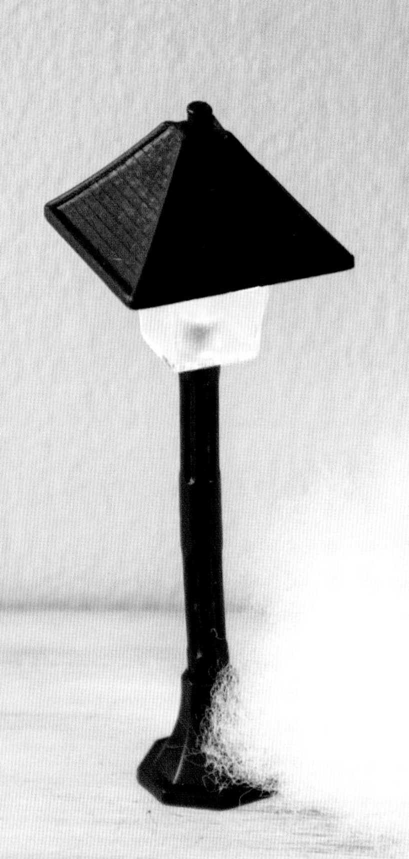

准备材料

大小：13cm

线：安哥拉山羊毛/马海毛（Super Angora），白色、深蓝色

针：2.75mm棒针

密度：平针编织 31针×39行（10cm×10cm）

其他：5mm玩偶眼睛、纽扣、毛线缝针、棉花、刺绣线（红色）、防解别针、记号扣、气消笔（或水消笔）、布艺彩色铅笔（或布艺墨水）、树枝（或铁丝）

工具和针法：参考第187~216页

编织说明使用方法

- 同一行中重复针法用“【 】×次”表示。
- 有配色的部分用与线颜色相近的文字标记。

编织图使用方法

- 编织图用符号表示正面花形，编织时正面按照符号编织，反面则应编织与符号相反的针法。
- 编织图两侧的箭头表示行针方向，数字表示行数和针数。
- 需要使用记号扣的位置请参考编织说明。

编织说明 PATTERN ×××××

身体

• 用白色线起12针

第1行：上针1行；（共12针）

第2行：下针1针，【下针1针放2针的加针】10次，下针1针；（共22针）

第3行：上针1行；（共22针）

第4行：下针1针，【下针1针放2针的加针，下针1针】10次，下针1针；（共32针）

第5行：上针1行；（共32针）

第6行：【下针2针，下针1针放2针的加针】10次，下针2针；（共42针）

第7~25行：平针编织19行；（共42针）

第26行：下针1针，【左上2针并1针，下针1针，左上2针并1针】8次，下针1针；（共26针）

第27行：上针1行；（共26针）

脸

第28行：下针1针，【下针1针放2针的加针】24次，下针1针；（共50针）

第29~35行：平针编织7行，在第35行的中心（第26针和第27针之间）用记号扣标记；（共50针）

第36~43行：平针编织8行；（共50针）

第44行：下针11针，右上2针并1针，左上2针并1针，下针20针，右上2针并1针，左上2针并1针，下针11针；（共46针）

第45行：上针1行；（共46针）

第46行：下针1针，【下针2针，左上2针并1针】11次，下针1针；（共35针）

第47行：上针1行；（共35针）

第48行：下针1针，【下针1针，左上2针并1针】11次，下针1针；（共24针）

第49行：上针1行；（共24针）

第50行：下针1针，【左上2针并1针】10次，下针1针；（共12针）

• 捆绑收针

耳罩（2片）

• 用深蓝色线起7针

第1行：上针1行；（共7针）

第2行：下针1针，【下针1针放2针的加针】5次，下针1针；（共12针）

第3行：上针1行；（共12针）

第4行：下针1针，【下针1针，下针1针放2针的加针】5次，下针1针；（共17针）

第5~6行：平针编织2行；（共17针）

第7行：下针1行；（共17针）

第8~9行：平针编织2行；（共17针）

第10行：下针1针，【下针1针，左上2针并1针】5次，下针1针；（共12针）

第11行：上针1行；（共12针）

第12行：下针1针，【左上2针并1针】5次，下针1针；（共7针）

• 捆绑收针

耳罩带

• 用深蓝色线起28针

第1~2行：下针2行；（共28针）

• 下针收针

围巾

• 用深蓝色线起8针

• 用深蓝色线和白色线进行配色

• 深蓝色线用（蓝），白色线用（白）进行标记

第1~2行：（蓝）下针起头的平针编织2行；

第3~4行：（白）平针编织2行；

第5~116行：重复28次第1~4行；

第117~118行：（蓝）平针编织2行；

• 下针收针

编织图 ×××××

身体、脸

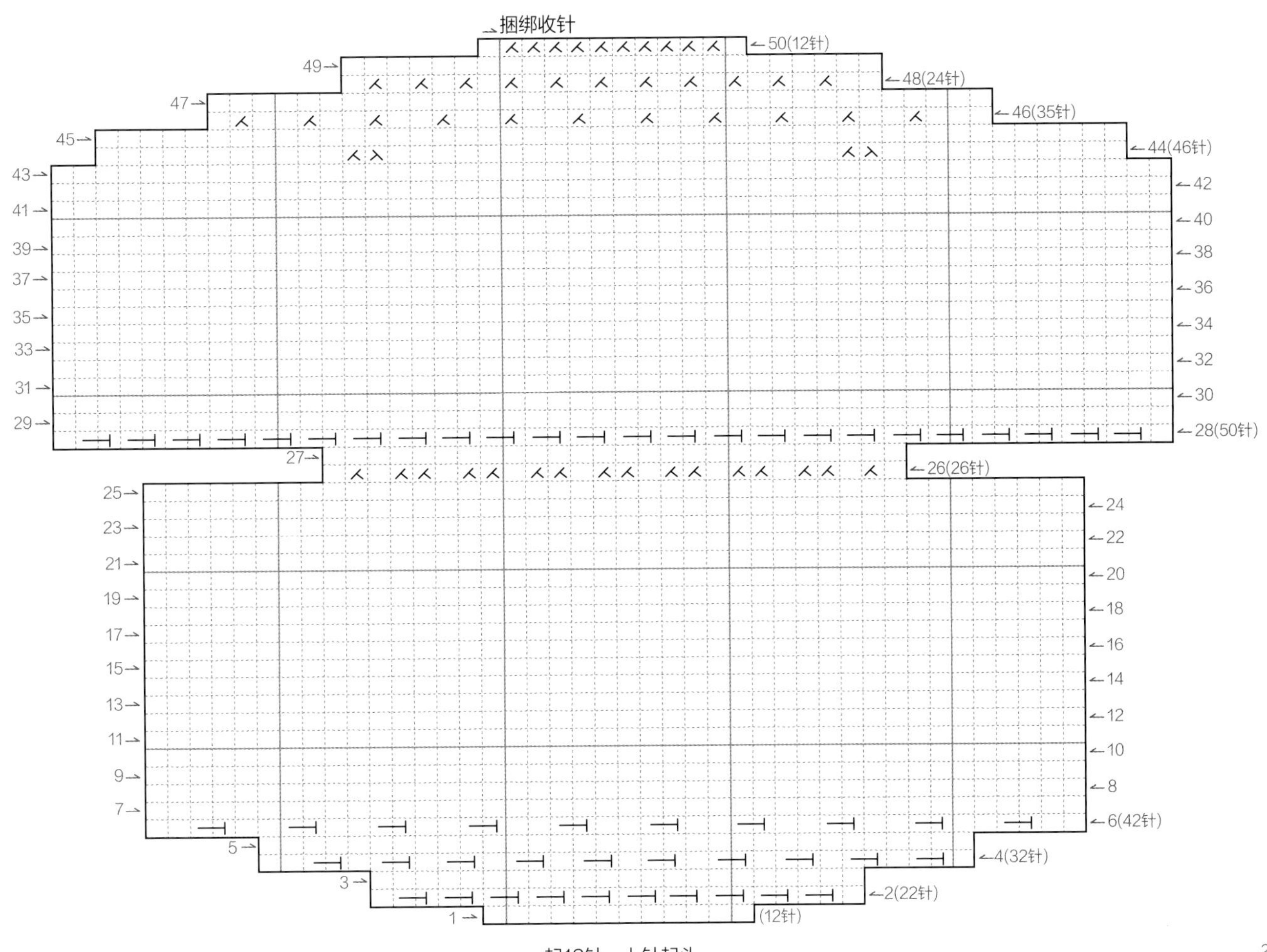

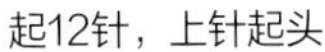
起12针，上针起头

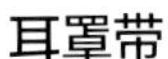

耳罩带

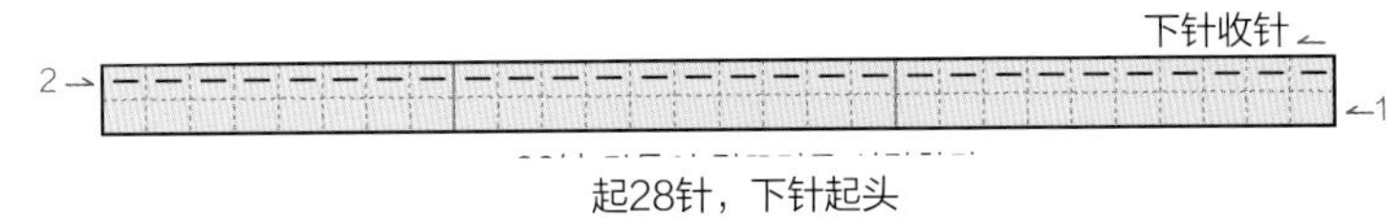

起28针，下针起头

围巾

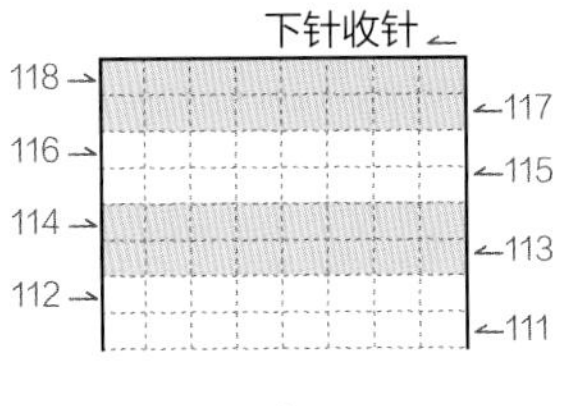

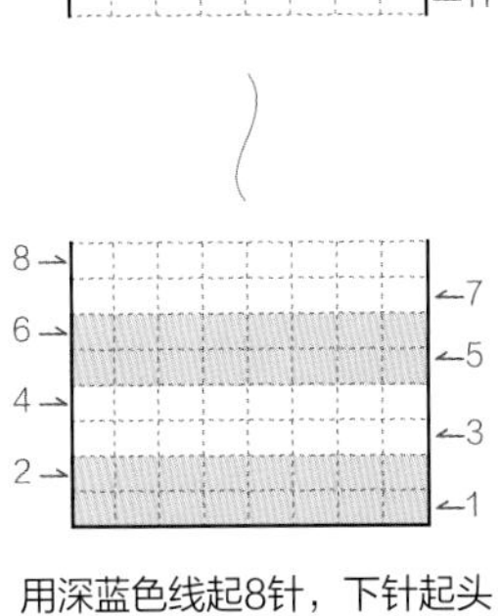

用深蓝色线起8针，下针起头

耳罩（2片）

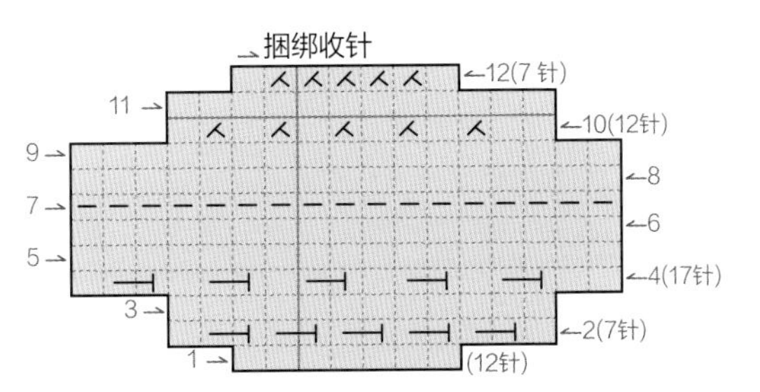

起7针，下针起头

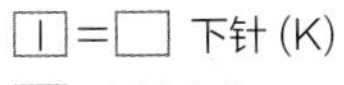
下针(K)

上针(P)

下针1针放2针的加针(kfb)

上针1针放2针的加针(pfb)

下针左上2针并1针(k2tog)

下针右上2针并1针(skpo)

组装身体

1. 从捆绑收针的位置开始缝合，留出三分之一的空间并填入脸部的棉花，继续缝合至起始行再填入身体的棉花。

2. 将雪人的底部缝合，注意针要一直沿同一方向（由内向外或由外向内）穿插。

3. 拉紧并打结。

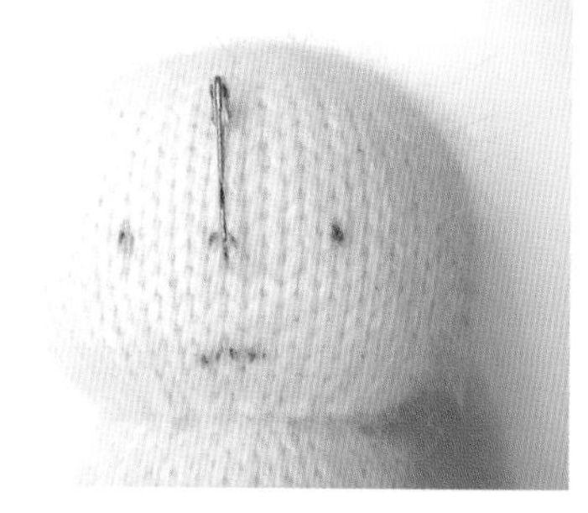

4. 分出脖子和脸。将针依次穿入脸部起始行（即第28行）的前一行（第27行），然后拉紧并打结。

绣五官

5. 用水消笔画好五官。鼻子画在第35行记号扣标记的位置。嘴画在脸部起始行往上3行（第30行）的位置，长度为2针。眼睛位于脸部起始行往上7行（第35行）、中心向左右各数3针的位置。

6. 将针从其中一个点穿出。

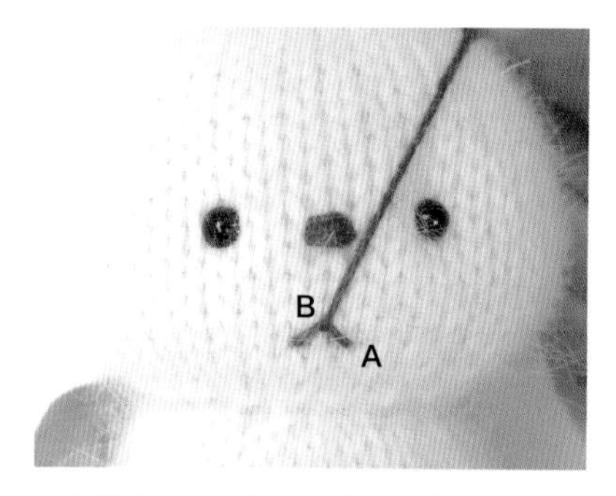

7. 插入另一个点（形成A线）后将针从中间点穿出（形成B线）。

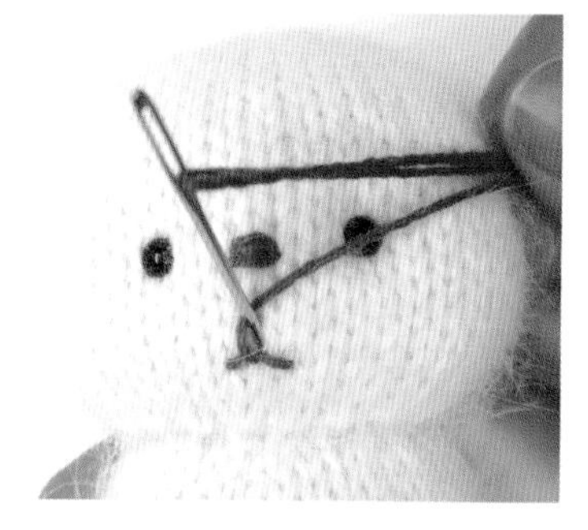

8. 将穿出的B线置于A线之上，并将针再次插入中间点（飞鸟绣请参考第214页）。

组装耳罩

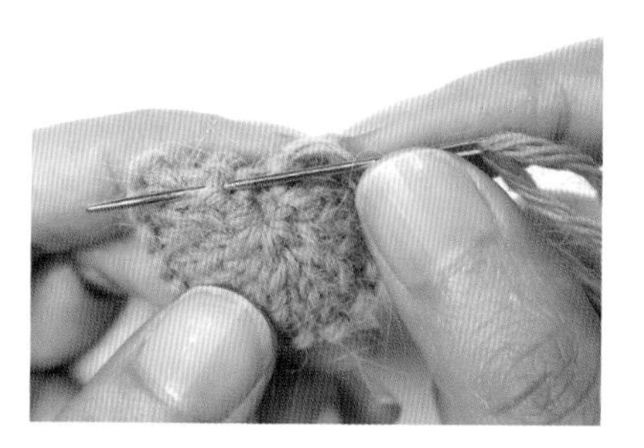

9. 从捆绑收针的位置开始缝合至起始行，并稍微填入一点棉花。

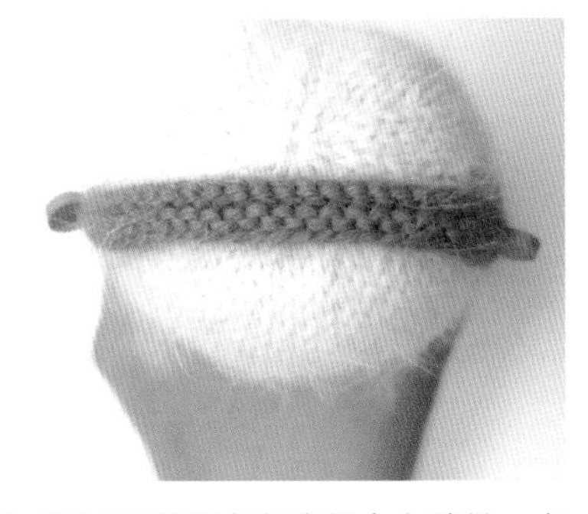

10. 将耳罩带固定在头部中心稍前一点的位置上。

11. 耳罩带固定好的模样。

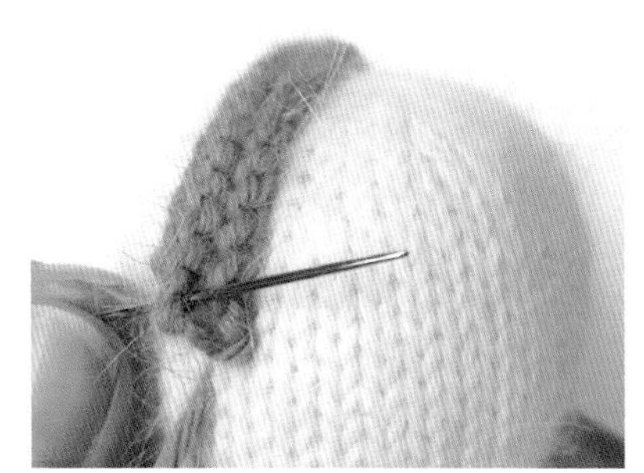

12. 将耳罩带的两端缝合在头上。

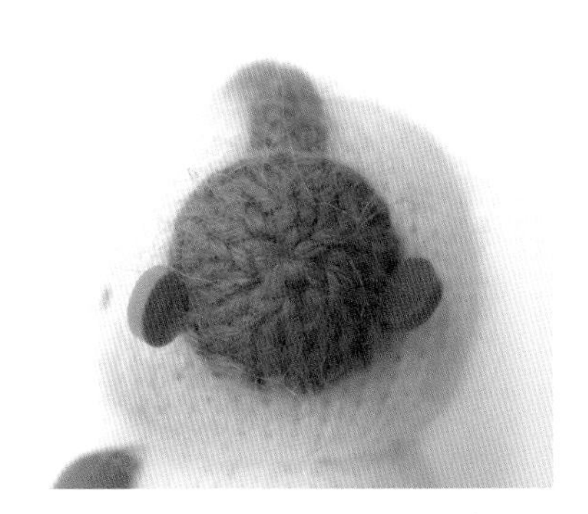

13. 将耳罩分别固定在带子的两端。

14. 将耳罩与头缝合。

制作胳膊

15. 将铁丝做成胳膊的模样。

16. 在身体上胳膊的位置戳洞并插入胳膊，再在身体上缝两颗纽扣。

20

罗宾

× × × × ×

罗宾住在森林里的一幢小房子里，是一位性格活泼的小朋友。

他的好奇心很强，总是幻想着踏上各种冒险之旅。

“如果坐着热气球到天空的尽头会怎么样？彩虹的尽头会有宝藏吗？”

预览

准备材料

☑ 罗宾

大小：22cm

线：婴羊驼毛 DK（Michell Baby Alpaca Indiecita DK），豆沙色、象牙白色、深褐色、褐色；Vincent 3p，亮粉色；Phildar Phil Caresse，红色、白色；婴羊驼毛，薄荷色

针：围巾2mm棒针，其余2.5mm棒针

密度：平针编织 31针×39行（10cm×10cm）

☑ 气球

线：婴羊驼毛 DK（King cole Baby Alpaca DK），粉红色、薄荷色、紫色

针：2.5mm棒针

其他：6mm玩偶眼睛、毛线缝针、棉花、刺绣线（褐色）、防解别针、记号扣、工艺用金属丝、气消笔（或水消笔）、双面胶、胶枪、棉芯、珠针、钳子

工具和针法：参考第187~216页

编织说明使用方法

- 同一行中重复针法用“【 】×次”表示。
- 有配色的部分用与线颜色相近的文字标记。

编织图使用方法

- 编织图用符号表示正面花形，编织时正面按照符号编织，反面则应编织与符号相反的针法。
- 编织图两侧的箭头表示行针方向，数字表示行数和针数。
- 需要使用记号扣的位置请参考编织说明。

编织说明 PATTERN ×××××

右腿

• 用褐色线起22针

• 在第6针和第7针之间用记号扣或其他颜色的线标记**

第1~19行：上针起头，平针编织19行；（共22针）

• 在第19行的第1针和第2针之间、第21针和第22针之间用记号扣或其他颜色的线标记

• 断线，将织物移动到防解别针或其他针上

左腿

• 用褐色线起22针

• 在第6针和第7针之间用记号扣或其他颜色的线标记**

第1~19行：上针起头，平针编织19行；（共22针）

• 在第19行的第1针和第2针之间、第21针和第22针之间用记号扣或其他颜色的线标记

• 不断线，保持原状

身体

• 连接双腿

第20行：下针22针，继续织刚刚放在其他针上的右腿，下针22针；（共44针）

第21~27行：平针编织7行；（共44针）

• 从第28行到第47行，先织2行象牙白色，再织2行豆沙色，织出条纹

第28~33行：平针编织6行；（共44针）

第34行：下针10针，左上2针并1针，下针20针，左上2针并1针，下针10针；（共42针）

第35~41行：平针编织7行；（共42针）

第42行：下针1针，【下针7针，右上2针并1针，下针2针，左上2针并1针，下针7针】2次，下针1针；（共38针）

第43~45行：平针编织3行；（共38针）

第46行：下针1针，【下针7针，右上2针并1针，左上2针并1针，下针7针】2次，下针1针；（共34针）

第47行：上针1行；（共34针）

• 剪断豆沙色线，只用象牙白色线织

第48行：下针1针，【下针1针，左上2针并1针，下针1针】8次，下针1针；（共26针）

第49~50行：平针编织2行；（共26针）

脸

• 换亮粉色线

第51行：上针1行；（共26针）

第52行：下针1针，【下针1针，下针1针放2针的加针】12次，下针1针；（共38针）

第53~55行：平针编织3行；（共38针）

第56行：下针1针，【下针1针，向左扭针加针，下针2针】12次，下针1针；（共50针）

第57~59行：平针编织3行；（共50针）

第60行：下针14针，【下针1针，向右扭针加针】5次，下针12针，【向左扭针加针，下针1针】5次，下针14针；（共60针）

第61~66行：平针编织6行；（共60针）

• 在第66行的第30针和第31针之间用记号扣或其他颜色的线标记

第67~83行：平针编织17行；（共60针）

第84行：【下针3针，左上2针并1针】12次；（共48针）

第85行：上针1行；（共48针）

第86行：【下针2针，左上2针并1针】12次；（共36针）

第87行：上针1行；（共36针）

第88行：【下针1针，左上2针并1针】12次；（共24针）

第89行：上针1行；（共24针）

第90行：【左上2针并1针】12次；（共12针）

• 捆绑收针

胳膊（2片）

• 用薄荷色线起8针

第1行：上针1行；（共8针）

第2行：下针1针，向右扭针加针，下针6针，向左扭针加针，下针1针；（共10针）

第3行：上针1行；（共10针）

第4行：下针1针，向右扭针加针，下针8针，向左扭针加针，下针1针；（共12针）

第5行：上针1行；（共12针）

第6行：下针1针，向右扭针加针，下针10针，向左扭针加针，下针1针；（共14针）

第7行：上针1行；（共14针）

第8行：卷针加针3针，包括卷针加针下针共17针；（共17针）

• 在第1针和第2针之间用记号扣或其他颜色的线标记

第9行：卷针加针3针，包括卷针加针下针共20针；（共20针）

• 在最后1针和倒数第2针之间用记号扣或其他颜色的线标记

第10~23行：平针编织14行；（共20针）

第24行：下针5针，左上2针并1针，下针7针，左上2针并1针，下针4针；（共18针）

第25~26行：下针2行；（共18针）

第27行：下针1针，【下针1针，左上2针并1针，下针1针】4次，下针1针；（共14针）

• 换亮粉色线

第28行：下针1行；（共14针）

第29行：上针4针，上针向左扭加针，上针6针，上针向右扭加针，下针4针；（共16针）

第30~35行：平针编织6行；（共16针）

第36行：下针1针，【左上2针并1针】7次，下针1针；（共9针）

• 捆绑收针

夹克

• 用薄荷色线起56针

第1行：下针3针，【上针2针，下针2针】12次，上针2针，下针3针；（共56针）

第2行：下针3针，【下针2针，上针2针】12次，下针5针；（共56针）

第3行：下针3针，【上针2针，下针2针】12次，上针2针，下针3针；（共56针）

第4行：下针56针；（共56针）

第5行：下针3针，上针50针，下针3针；（共56针）

第6~19行：重复7次第4~5行

第20行：下针5针，左上2针并1针，【下针4针，左上2针并1针，下针3针，左上2针并1针】4次，下针5针；（共47针）

第21行：下针3针，上针41针，下针3针；（共47针）

第22行：上针1行；（共47针）

第23行：下针3针，上针41针，下针3针；（共47针）

第24行：下针4针，左上2针并1针，【下针3针，左上2针并1针，下针2针，左上2针并1针】4次，下针5针；（共38针）

第25行：下针3针，上针32针，下针3针；（共38针）

第26行：上针1行；（共38针）

第27行：下针3针，上针32针，下针3针；（共38针）

第28行：下针3针，【下针1针，左上2针并1针，下针1针】8次，下针3针；（共30针）

第29行：下针3针，上针24针，下针3针；（共30针）

第30行：上针1行；（共30针）

第31行：下针3针，上针24针，下针3针；（共30针）

第32行：下针3针，【下针1针，左上2针并1针，下针1针】6次，下针3针；（共24针）

• 捆绑收针

鞋（2片）

• 用象牙白色线起20针

第1行：上针1行；（共20针）

第2行：下针1针，【下针1针放2针的加针】18次，下针1针；（共38针）

第3~5行：平针编织3行；（共38针）

第6行：上针1行；（共38针）

第7行：下针1行；（共38针）

• 从第8行到第13行要用象牙白色线和褐色线进行配色

• 象牙白色线用（白），深褐色线用（褐）进行标记

第8行：（褐）下针14针，（白）下针10针，（褐）下针14针；（共38针）

第9行：（褐）上针14针，（白）上针10针，（褐）上针14针；（共38针）

第10行：（褐）下针14针，（白）下针10针，（褐）下针14针；（共38针）

第11行：（褐）上针14针，（白）上针10针，（褐）上针14针；（共38针）

第12行：（褐）下针14针，（白）下针1针，（白）【右上2针并1针】2次，（白）【左上2针并1针】2次，（白）下针1针，（褐）下针14针；（共34针）

第13行：（褐）上针14针，（白）上针6针，（褐）上针14针；（共34针）

• 剪断象牙白色线，只用深褐色线织

第14行：下针1针，左上2针并1针，下针9针，左上2针并1针，【左上3针并1针】2次，左上2针并1针，下针9针，右上2针并1针，下针1针；（共26针）

第15行：上针1针，【上针2针，上针左上2针并1针，上针2针】4次，上针1针；（共22针）

• 下针收针

围巾

• 用2mm棒针和红色线起12针

• 平针编织：红色3行，白色1行，反复织条纹至长度达到30cm，最后3行要以红色结尾并收针

• 需要换的线如果在棒针的另一侧时，将棒针上的线圈推至另一侧，原本要织上针的织下针，原本要织下针的织上针

气球（紫色、薄荷色、粉红色各1片）

• 起10针

第1行：上针1行；（共10针）

第2行：下针1针，【下针1针，向左扭针加针】8次，下针1针；（共18针）

第3~5行：平针编织3行；

第6行：【下针2针，向左扭针加针】8次，下针2针；（共26针）

第7~17行：平针编织11行；（共26针）

第18行：【左上2针并1针】13次；（共13针）

• 捆绑收针

气球结

• 起16针

第1行：上针1行；（共16针）

第2行：下针2针，【左上2针并1针】3次，下针1针，【左上2针并1针】3次，下针1针；（共10针）

• 上针收针

编织图 ×××××

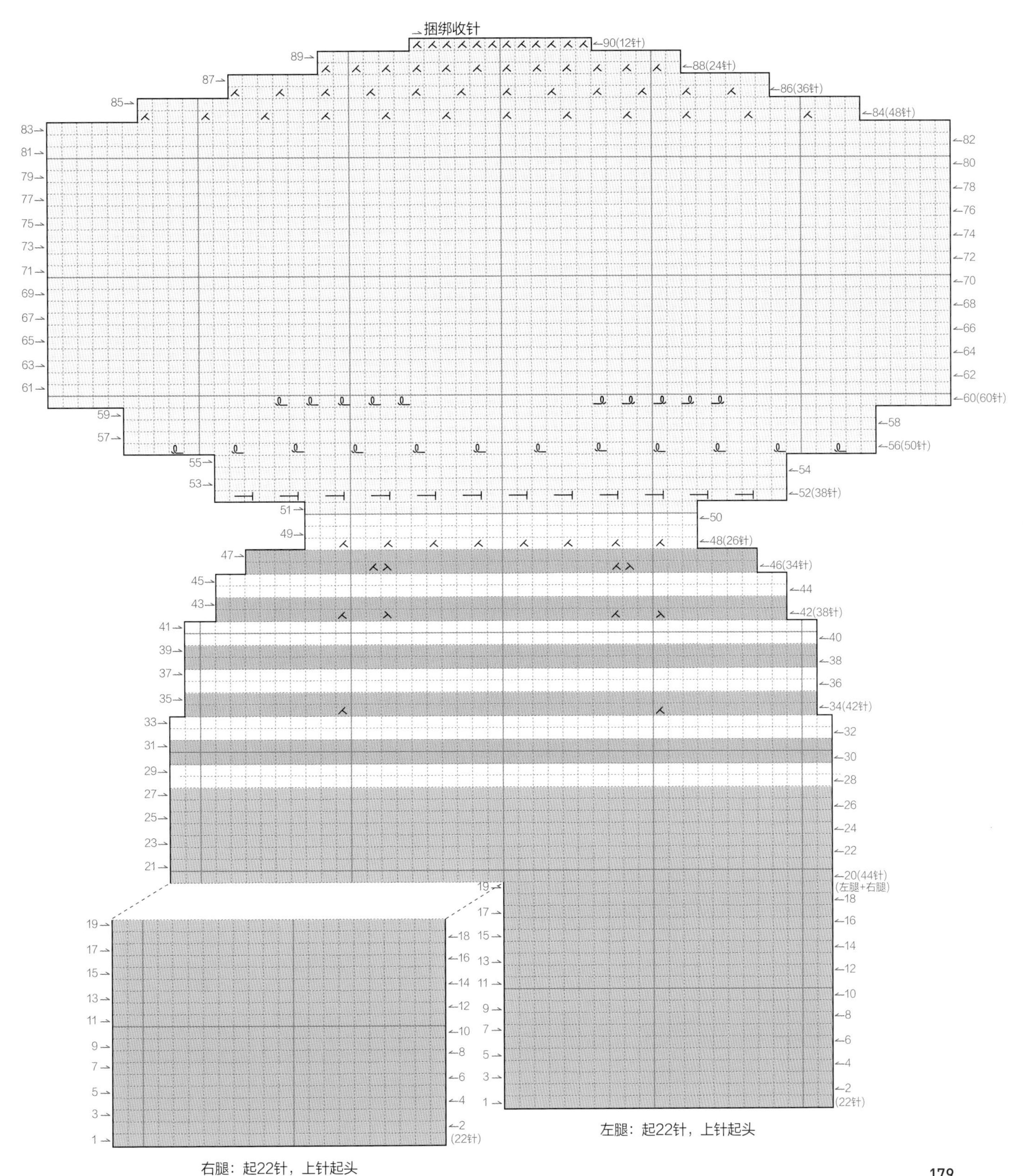

腿、身体、脸
捆绑收针
90(12针)
88(24针)
86(36针)
84(48针)
60(60针)
56(50针)
52(38针)
48(26针)
46(34针)
42(38针)
34(42针)
20(44针)
(左腿+右腿)
(22针)
左腿：起22针，上针起头
右腿：起22针，上针起头

胳膊（2片）

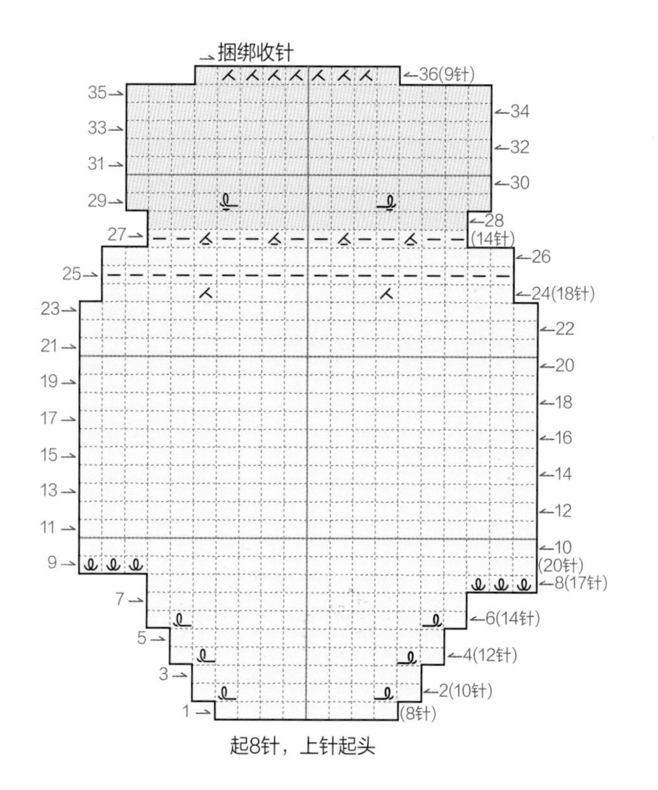

- |=□ 下针 (K)
- − 上针 (P)
- 下针1针放2针的加针 (kfb)
- 上针1针放2针的加针 (pfb)
- 下针向左扭针加针 (M1L)
- 上针向左扭针加针 (M1LP)
- 下针向右扭针加针 (M1R)
- 上针向右扭针加针 (M1RP)
- 下针左上2针并1针 (k2tog)
- 上针左上2针并1针 (p2tog)
- 下针右上2针并1针 (skpo)
- 左上3针并1针 (k3tog)
- 卷针加针 (backward loop cast on)

夹克

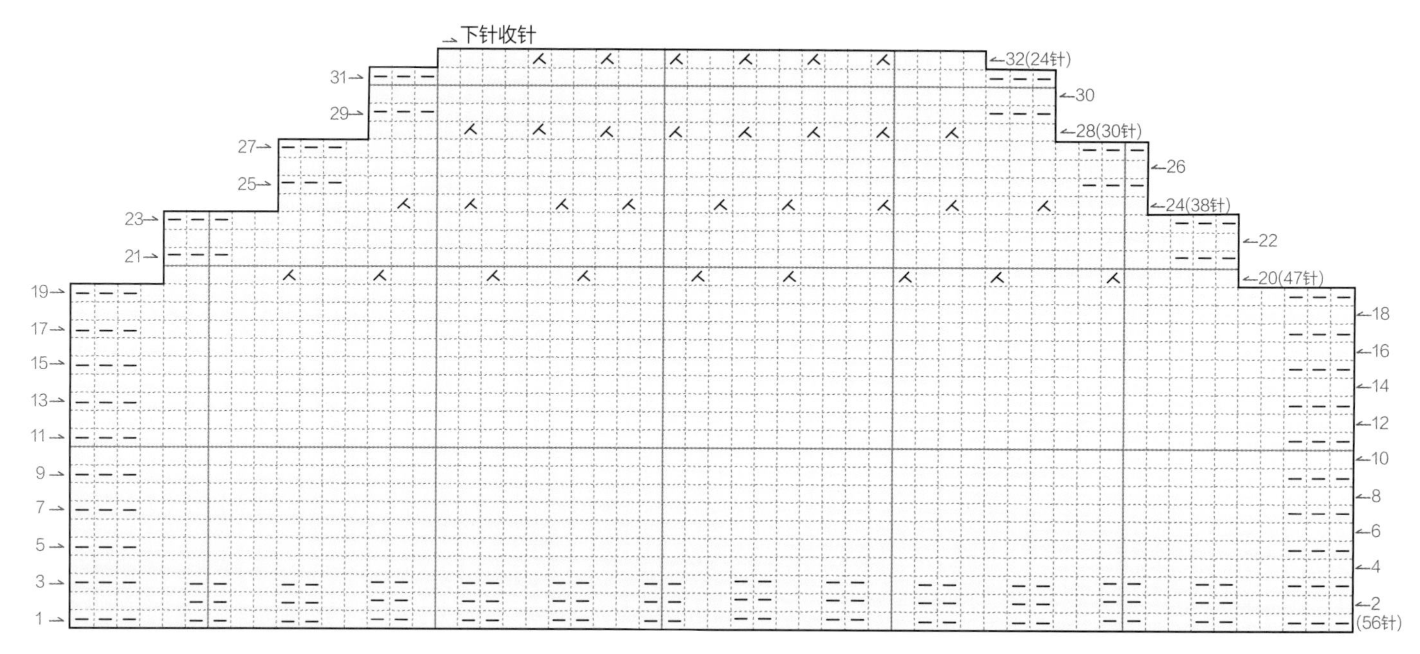

起56针，上针起头

鞋（2片）

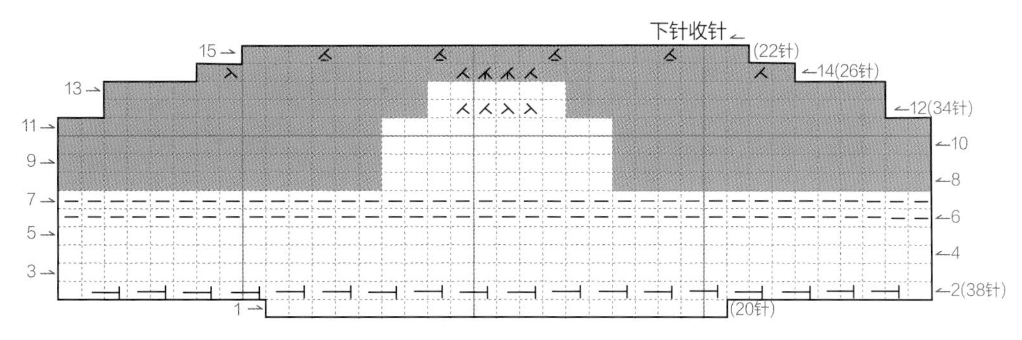

起20针，上针起头

气球（紫色、薄荷色、粉红色各1片）

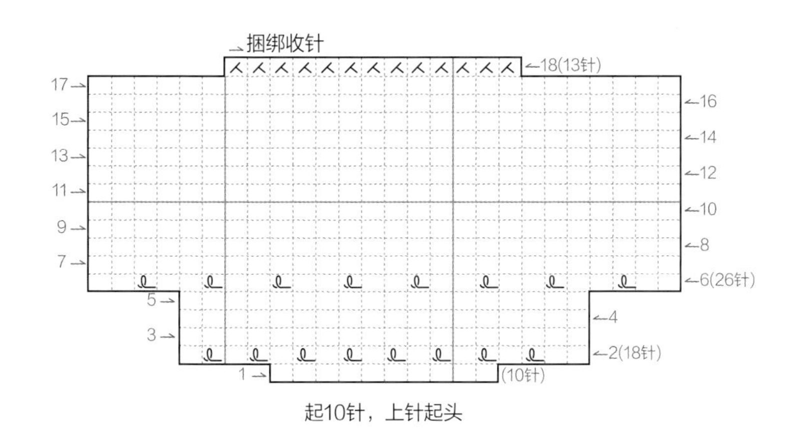

起10针，上针起头

气球结

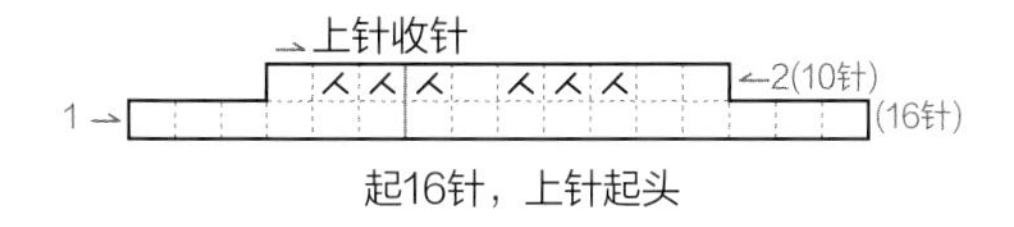

起16针，上针起头

围巾

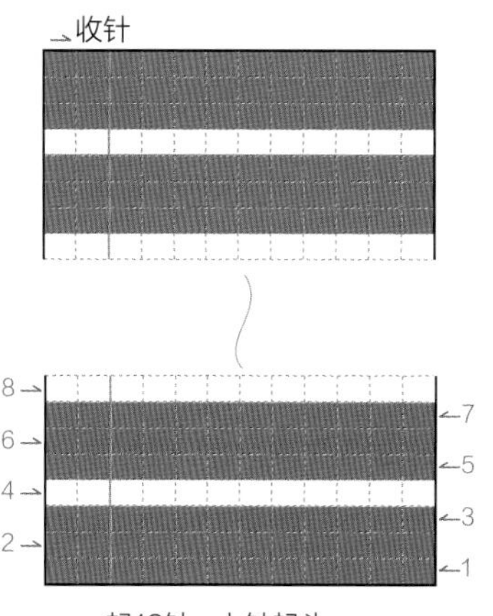

起12针，上针起头

* 配色编织至总长度30cm

组装身体

1. 从头部捆绑收针的位置开始，到脸部加针行下方1cm的位置为止，进行平针缝合。

2. 将腿部按照记号扣标记的位置平针缝合。

3. 将身体平针缝合。

分出脖子和脸

4. 留出2～3cm的洞，放入棉花后将洞口缝合。

5. 将针一一穿入脸部的起始行（第50行，换成脸的颜色前的最后一行象牙白色）

6. 用力拉紧。

绣五官

7. 在打结的位置将针插入，再从远处穿出，拉紧线把结藏入玩偶中。

8. 用水消笔画好五官。鼻子画在第50行记号扣标记的位置，眼睛位于鼻子左右各数4针的位置，眉毛画在眼睛上方2～3行的位置上，长度为一针半，嘴画在鼻子下方5～6行的位置，长度为6针。

9. 鼻子的宽度为1针，并且要多绣几次，做出立体感。

组装鞋

10. 将眼睛缝在相应的位置上，2个眼睛分别位于鼻子左右各4针的位置，双眼间有8针距离。

11. 眉毛绣在眼睛上方2～3行的位置上，长度为一针半。嘴绣在鼻子下方5～6行的位置，长度为6针。

※头发的组装请参考第105~106页狮子里昂“组装毛发”的部分

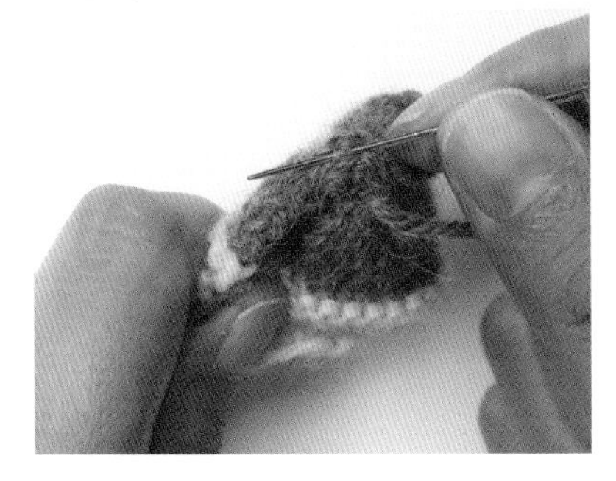

12. 从收针行开始缝合到起针行。

13. 将起针行（鞋底）缝合。

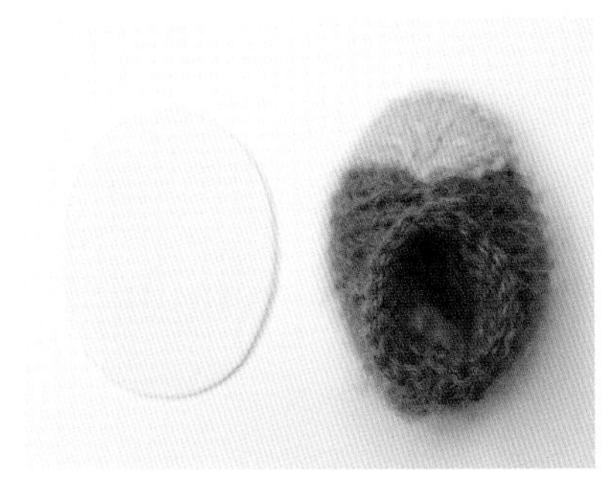

14. 将较硬的棉芯剪成鞋底的形状，放入鞋底后填充棉花。

15. 将鞋子的中心和腿上的记号扣对齐，并用珠针固定。

缝合夹克

16. 将针插入鞋子的最上面一行的线圈。

17. 再将针插入对应的腿的最下面一行的线圈，并依次进行缝合。

18. 将夹克的收针行与脸和身体的分界线缝合。

组装胳膊

19. 从捆绑收针的位置开始，缝合至记号扣所在的行。

20. 用珠针将胳膊固定在夹克的结束行，将胳膊的边沿缝合在夹克上。

组装气球

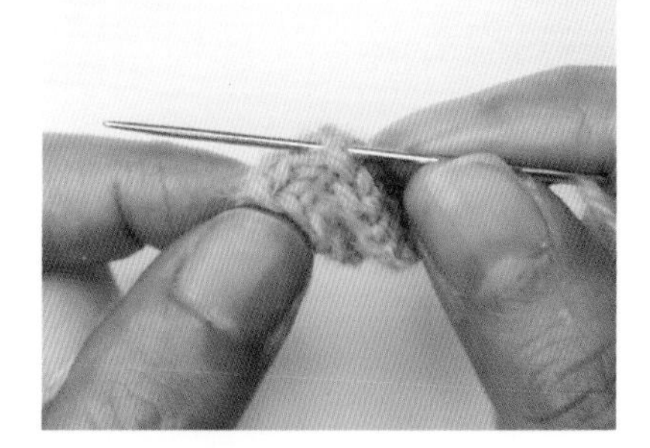

21. 将气球结从起针行缝合至收针行。

22. 将气球从捆绑收针的位置缝合到起始行，并填充棉花。

23. 将气球和气球结平针缝合在一起。

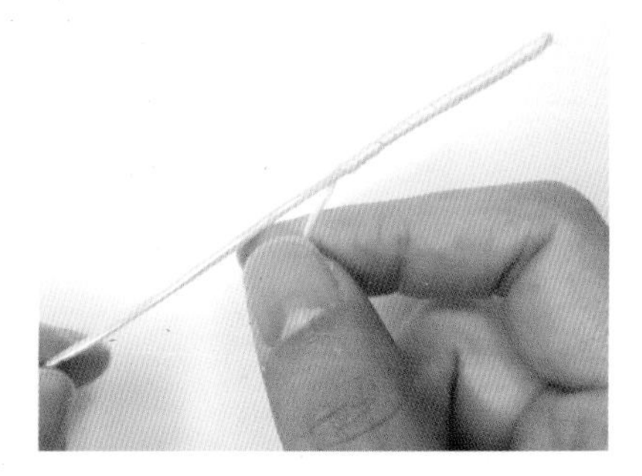

24. 在手工用金属丝上贴好双面胶，并在上面缠线。

25. 将金属丝插入气球并固定。

PART 1

棒针编织基础

1 工具和材料

1. 线

即使根据同一个编织图制作玩偶，制作出的大小和效果也会因制作者、线的种类和粗细而不同。所以根据希望制作出的效果和大小选择适合的线是很重要的。为了表现出玩偶柔软温暖的感觉，主要使用以羊驼毛、羊毛、马海毛（安哥拉山羊毛）制成的线。在作品11“小羊一家”中，则为了表现出羊毛的卷曲感而使用了羊毛绒线。

2. 直棒针或环形针

毛线针的种类和材料也是多种多样，使用与线粗细匹配的针即可。针的粗细视线而定，由于在制作玩偶时，放入棉花后织物会被撑开，所以要选择比线的标签上推荐的针号细1～2mm的针，可以织得更加紧密结实。

3. 手套针/双头棒针

织物为环形时要用到4根或5根为一组的手套针（双头棒针）。有15cm、20cm等各种长度。

4. 刺绣线

绣玩偶的面部表情时使用。

5. 剪刀

剪线的时候使用。

6. 珠针/大头针

连接织物时固定要缝合的织物时使用。

7. 绒球制作器

制作类似于兔子秀秀的尾巴毛球时使用。毛球的大小取决于绒球制作器的大小，所以要选择合适尺寸的绒球制作器。

8. 毛线缝针

连接或缝补织物时使用。比一般的缝针更粗，针眼更大。

9. 长缝针

缝玩偶眼睛时使用。因为需要通过眼睛的扣眼，所以要选用针鼻较小的针。

10. 钳子

有直头钳子和弯头钳子，往玩偶中填充棉花时使用。

11. 记号扣

标记行数、针数、织物的中心、需要标记的特殊位置时使用。

12. 防解别针

织完一部分后织另一部分时，将织完的部分先转移到防解别针上，防止织好的针散开。

13. 玩偶眼睛

玩偶眼睛有玻璃的和塑料的，本书中大部分玩偶眼睛都使用塑料眼睛，并且使用纽扣式样的，只有作品4“小猫塔拉”使用玻璃眼睛。

14. 木板

制作摊位和手推车的时候使用。

15. 编织测量尺

可以测量横向和竖向10cm以内的行数和针数。有中间带孔的正方形样式的，也有长方形的，使用正方形的更加方便。

16. 水消笔或气消笔

标记要刺绣或者缝合的位置时使用。最终制作完成后用棉签或纸巾沾水擦拭笔迹即可消失。

17. 线轴

需要配色时用来缠线。

18. 木工胶

往织物上贴绵芯时使用。

19. 布艺彩色铅笔或布艺墨水

给玩偶的脸涂腮红时使用。

20. 锥子

往玩偶里放金属丝或制造空隙、整理棉花后塑造玩偶脸型时使用。

21. 金属丝

制作玩偶可以活动的手臂或尾巴时使用。

22. 双面胶

制作小道具时用来黏合固定。

23. 棉芯

主要用来制作书包的底。

24. 棉花

编织完毕后，往玩偶中填充棉花即可完成，主要使用PP棉或珍珠棉。因为珍珠棉可能会从织物的缝隙间漏出来，所以更推荐使用PP棉。

01 起针 (Cast on)

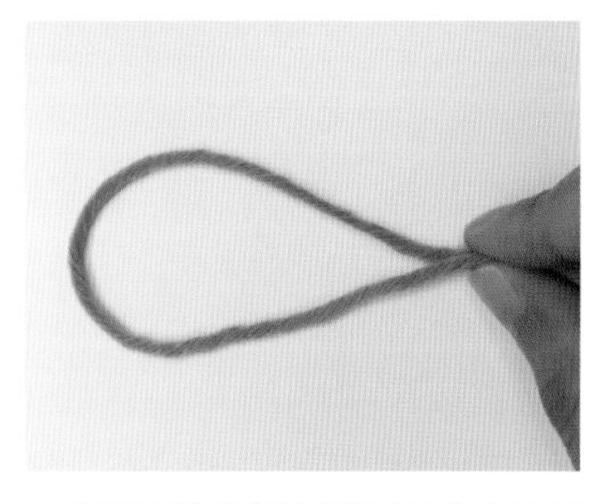

1. 留出即将编织的织物3倍左右的长度，将线对折做一个环。这时是要留出一些多余的部分可以用来缝补织物。

2. 将左手的食指和拇指垂直放入环内。

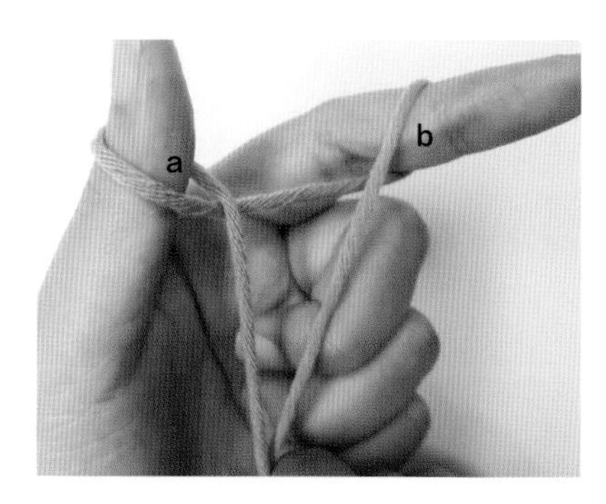

3. 手心向上把手翻过来。

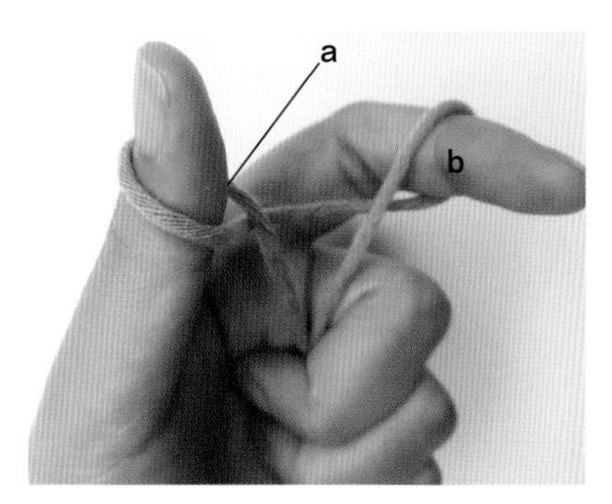

4. 左手除了食指和拇指其余三个手指抓住线端。

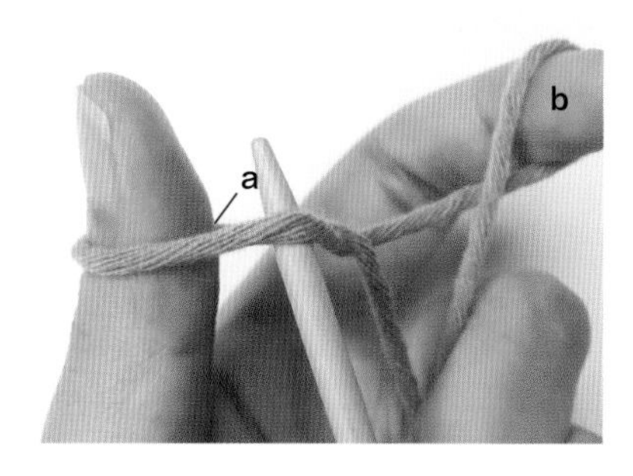

5. 右手持针，在拇指所在的a位置，从下向上挑。

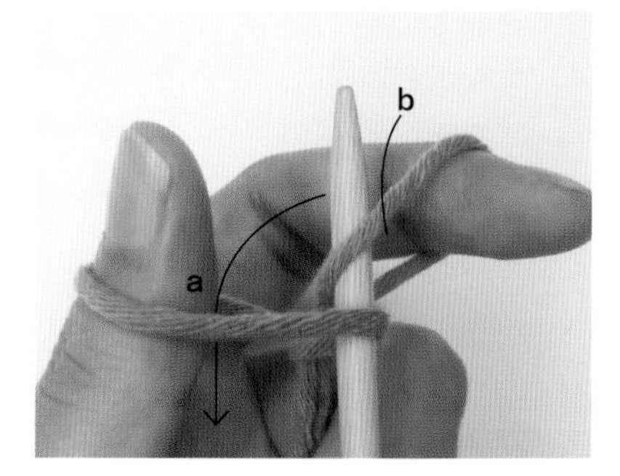

6. 用针从上往下绕食指所在的b位置，再从a中把针挑出来。

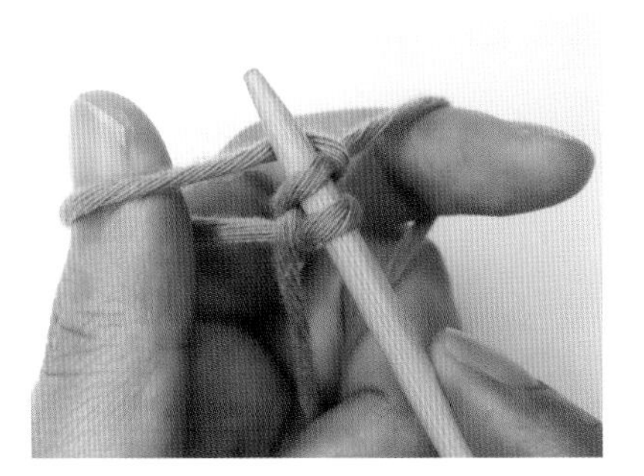

7. 从a中退出针的样子。

8. 拉线至贴近针，第一针完成。

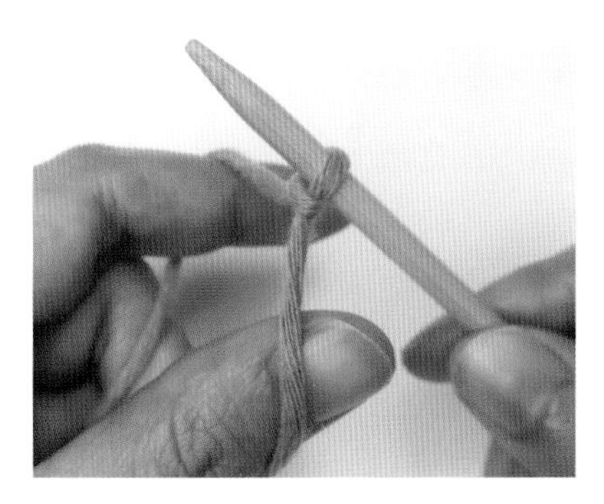

9. 左手的食指和拇指放在线的中间。

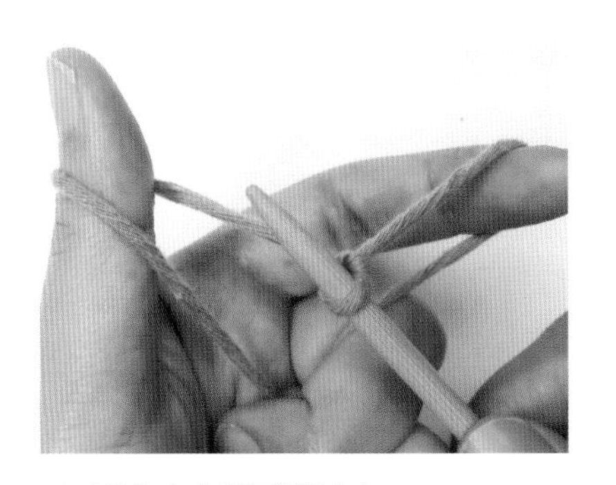

10. 手心向上把手翻过来。

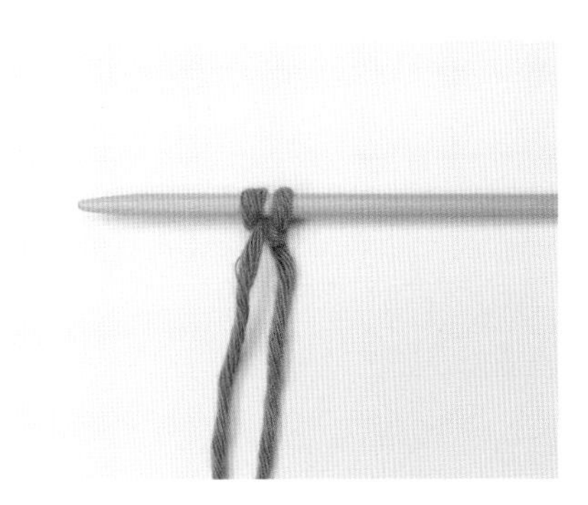

11. 重复步骤5～8，起第二针。

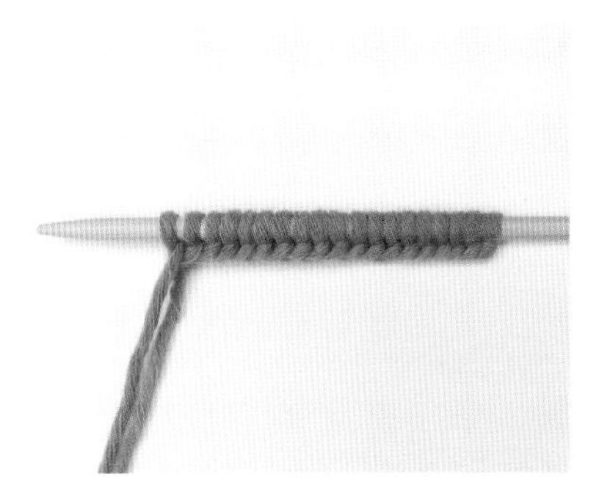

12. 反复做步骤5～8，起好需要的针数。

❶ 下针的卷针加针：在正在编织的行起始或结尾的地方加针的方法。

1. 如图所示将线从后往前绕在右手食指上，将前面的线放在左棒针上，抽出手指。

2. 拉线至贴近针。

❷ 上针的卷针加针：在正在编织的行起始或结尾的地方加针的方法。

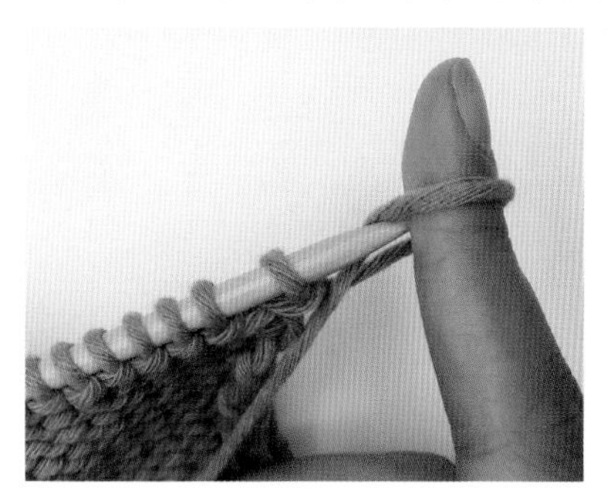

1. 如图所示将线从后往前绕在右手食指上，将前面的线放在左棒针上，抽出手指。

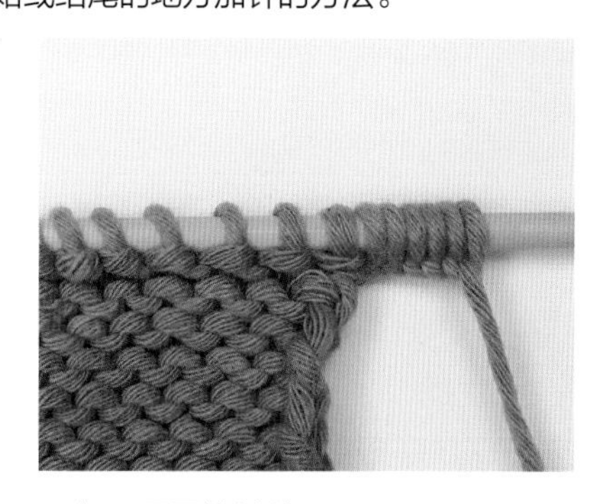

2. 加至需要的针数。

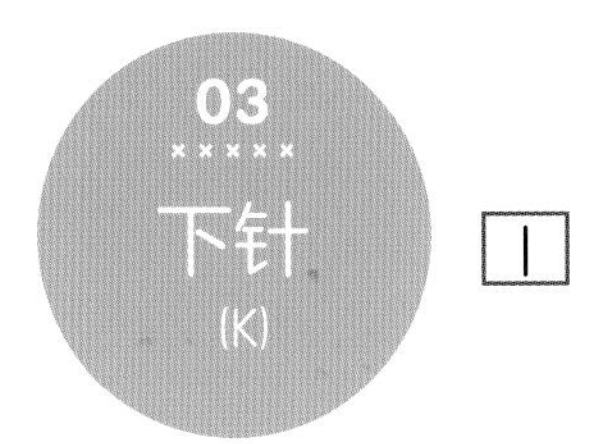

03 下针 (K)

1. 将线放在织物的后面。

2. 将右棒针由前至后插入左棒针上的线圈。

3. 将线逆时针绕在右棒针上。

4. 用右棒针将线向内侧拉出线圈。

5. 将左棒针抽出。

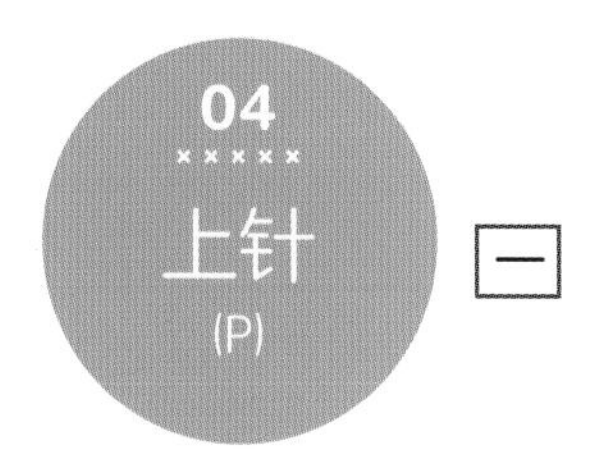

04 上针 (P)

1. 将线放在织物的前面。

2. 将右棒针插入左棒针上线圈的前侧。

3. 将线逆时针绕在右棒针上。

4. 用右棒针将线向内侧拉出线圈。

5. 将左棒针抽出。

05 加针

❶ 下针1针放2针的加针 (kfb)

编织下针后不抽出左针并在此针线圈后侧插入右棒针再织一针下针的方法。

1. 将线放在织物的后面，将右棒针由前向后插入左棒针上的线圈。

2. 将线逆时针绕在右棒针上。

3. 用右棒针将线拉出线圈。

4. 不要抽出左棒针，并将右棒针插入左棒针上线圈的后侧。

5. 将线逆时针绕在右棒针上。

6. 用右棒针将线拉出线圈后抽出左棒针。此时就织出了像上针一样底部有一条横线的一针。

❷ 上针1针放2针的加针 (pfb)

编织上针后不抽出左针并在此针线圈后侧插入右棒针再织一针上针的方法。

1. 将线放在织物的前面，将右棒针插入左棒针上线圈的前侧。

2. 将线逆时针绕在右棒针上。

3. 用右棒针将线向内侧拉出线圈。

4. 不要抽出左棒针，并将右棒针由后向前插入线圈。

5. 将线逆时针绕在右棒针上。

6. 用右棒针将线拉出线圈后抽出左棒针。

06

向左扭针加针

❶ 下针向左扭针加针 (M1L)

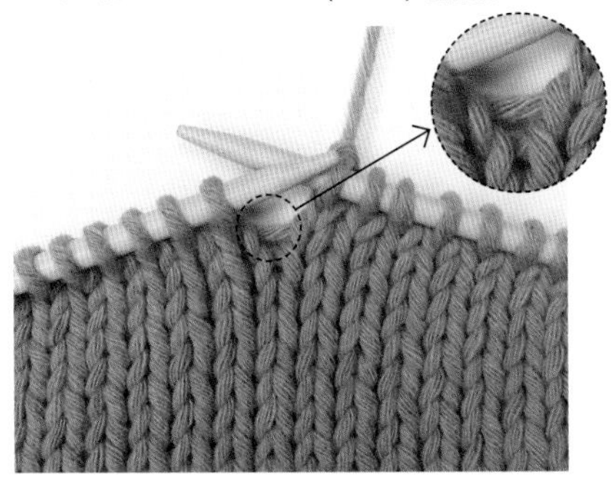

1. 这是利用两针之间的横线加针的方法。

2. 用左棒针将两针之间的横线由前向后挑起。

3. 将右棒针插入这个线圈的后侧。

4. 将线逆时针挂在右棒针上。

5. 用右棒针将线拉出线圈。

6. 抽出左棒针。

❷ 上针向左扭针加针 (M1LP)

1. 这是利用两针之间的横线加针的方法。

2. 用左棒针将两针之间的横线由前向后挑起。

3. 将右棒针插入这个线圈的后侧。

4. 将线逆时针挂在右棒针上。

5. 用右棒针将线拉出线圈。

6. 抽出左棒针。

07 向右扭针加针

❶ 下针向右扭针加针 (M1R)

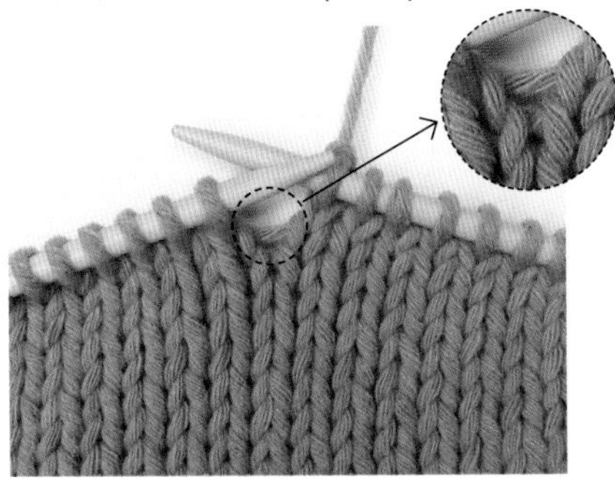

1. 这是利用两针之间的横线加针的方法。

2. 用左棒针将两针之间的横线由后向前挑起。

3. 右棒针像织下针一样插入这个线圈。

4. 将线逆时针挂在右棒针上。

5. 用右棒针将线拉出线圈后抽出左棒针。

❷ 上针向右扭针加针 (M1RP)

1. 这是利用两针之间的横线加针的方法。

2. 用左棒针将两针之间的横线由后向前挑起。

3. 右棒针像织上针一样插入这个线圈。

4. 将线逆时针挂在右棒针上。

5. 用右棒针将线拉出线圈后抽出左棒针。

08 左上2针并1针

❶ 下针左上2针并1针 (k2tog) 人

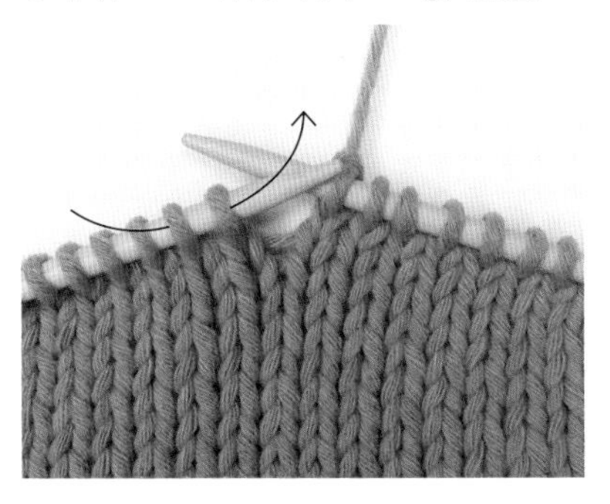

1. 将右棒针由前向后一次性插入左棒针上的2个线圈。

2. 一次性插入2个线圈的效果。

3. 将线逆时针挂在右棒针上。

4. 用右棒针将线拉出线圈。

5. 抽出左棒针。

❷ 上针左上2针并1针 (p2tog) [symbol]

1. 将右棒针一次性插入左棒针上的2个线圈前侧。

2. 一次性插入2个线圈的效果。

3. 将线逆时针挂在右棒针上。

4. 用右棒针将线拉出线圈后抽出左棒针。

09 右上2针并1针

❶ 下针右上2针并1针 (skpo) 入

1. 将右棒针由前至后插入左棒针上的线圈。

2. 不织，直接移到右棒针上。（滑针）

3. 下一针织下针。

4. 将左棒针插入刚刚没有织的线圈前侧。

5. 把没织的线圈挑下并套在织了下针的线圈上。

6. 右上2针并1针的效果。

❷ 上针右上2针并1针 (ssp)

1. 将右棒针一次性插入左棒针上的2个线圈后侧。

2. 将线逆时针挂在右棒针上。

3. 用右棒针将线拉出线圈后抽出左棒针。

※ 3针并1针就是一次性插入3个线圈然后织上针或者下针。

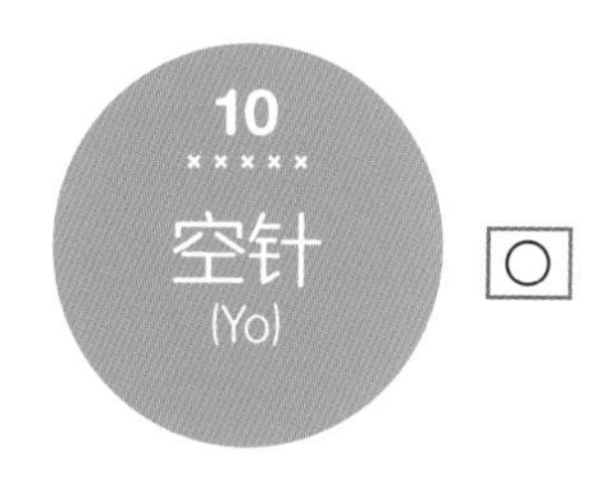

1. 将线放在织物的前面。

2. 在下一针上织下针。

3. 空针完成，此时多了1针并且形成了1处镂空。

V

❶ 下针滑针

1. 将右棒针由前至后插入左棒针的线圈。

2. 不织，直接移到右棒针上。

❷ 上针滑针

1. 将右棒针由后向前插入左棒针上线圈。

2. 不织，直接移到右棒针上。

12 收针 (cast off, bind off) ⊡

❶ 下针收针

1. 织2针下针。

2. 将左棒针插入刚刚织的2针下针中的第1针。

3. 将第1针挑下并套在第2针上。

4. 收好1针的效果。

5. 收好最后一针后抽出棒针，引出线圈并将线团穿过线圈。

6. 断线并拉紧，同时使每个线圈中间留出可以通过线的空隙。

❷ 上针收针

1. 织2针上针。

2. 将左棒针插入刚刚织的2针上针中的第1针。

3. 将第1针挑下并套在第2针上。

4. 一直织到右棒针上只剩下1针时就收好了。

5. 将棒针抽出，将线引出，将线团穿过线圈。

6. 断线并拉紧，同时使每个线圈中间留出可以通过线的空隙。

13 捆绑收针 (B&T)

1. 将线尾留出有富余的长度后剪断并穿进缝针。

2. 将缝针依次穿过棒针上的线圈。

3. 将缝针穿过全部线圈的效果。

4. 再穿一次的话可以更加结实牢固。

5. 收好的效果。

14 环状编织

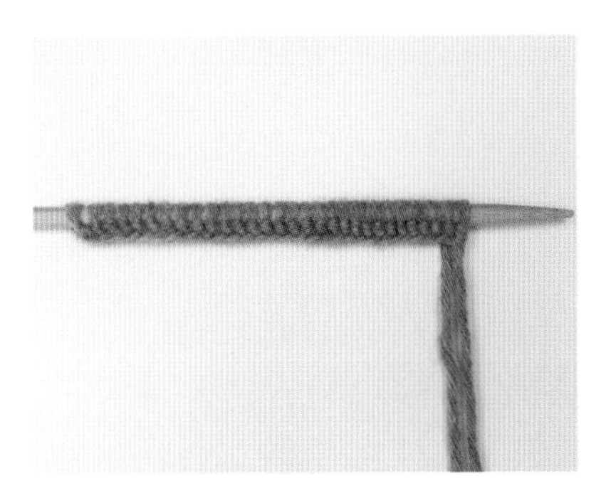

1. 起针并编织。

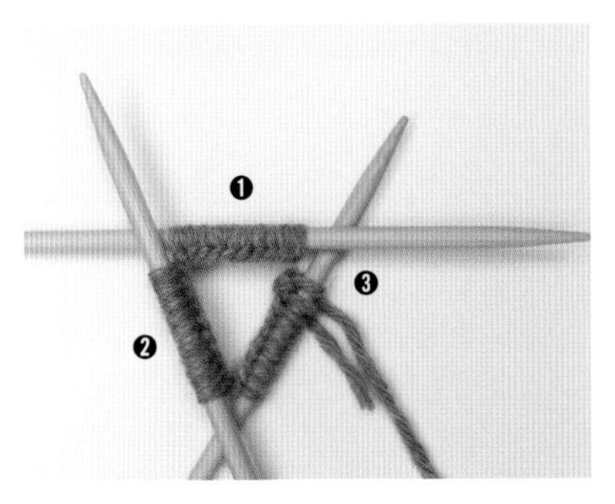

2. 将线圈分为3份并分别放在3根双头棒针上做成三角状。

3. 用第4根棒针织第1根棒针上的线圈，在起始针上挂好记号扣。

4. 将第1根棒针上的线圈全部织完后，按顺序织第2根、第3根棒针上的线圈。

5. 环状编织多行后的效果。

※ 注意：换针的部分容易松散，所以在换针时要注意拉紧线端或者在编织时每次稍微错开换针位置。

15 织物的结构

❶ **平针编织**：编织玩偶时最基本的编织结构，正面织下针、反面织上针交错编织。

平针编织的正面

平针编织的反面

❷ **起伏针编织**：不论正面反面都织下针的编织结构。

起伏针

16 扣眼的做法（制作披肩时使用）

1. 将线放在针的前面。

2. 织左上2针并1针。

3. 完成扣眼。

17 配色编织

❶ **横向配色条纹**：条纹间隔窄的情况不用剪断线，轻拉过来继续编织即可。

1. 在行的边沿将配色线打结系在主色线上。

2. 将结贴紧在线圈下。

3. 再次换线时，将想要更换的线放在现有的线前面。

❷ 纵向配色

1. 上图中的配色由2个灰色部分和1个黄色部分组成。需要换颜色时将现有的线和要更换的线交叉。图中展示的是将正在织的灰色线放在下面，即将更换的黄色线放在上面。

2. 换颜色时将现有的线和需要更换的线交叉，图中则为将正在织的黄色线放在下面，即将更换的灰色线放在上面。

3. 织物的正面和反面。

18 刺绣

❶ 直线绣

1. 在想要刺绣的位置把针穿出。

2. 行针至需要的长度，将针插入并拉紧线。

3. 完成直线绣。

❷ 正针绣（毛衣绣）：和下针形状一样的v字刺绣方法。

1. 在想要刺绣的位置所在的线圈的下端将针穿出，再将针从右至左横穿上一行的线圈两端。

2. 再次将针插入刚刚的线圈下端点。

3. 在想要的位置上重复步骤1～2进行刺绣。

❸ **锁链绣**：像链条一样的刺绣方法。

1. 在想要刺绣的位置把针穿出。

2．再次将针插入刚刚穿出的位置，如图所示，行针至适当的长度将针穿出。

3. 朝刺绣进行方向拉线。

4. 重复步骤2～3。

5. 反复几次之后完成的效果。

❹ 飞鸟绣：本书中制作玩偶的嘴巴时使用的方法。

1. 从上面其中一个顶点将针穿出。

2. 如图所示，将针插入上面的另一个顶点，再从中间的交叉点将针穿出。

3. 朝刺绣进行方向拉线。

4. 垂直行针至最下面的端点，插入针并拉紧。

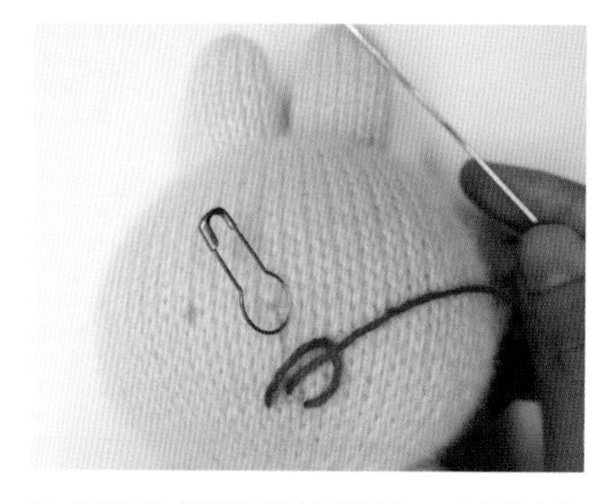

5. 制作玩偶嘴巴时需要绣一个倒过来的Y字，做完步骤2后朝刺绣进行方向拉线即可。

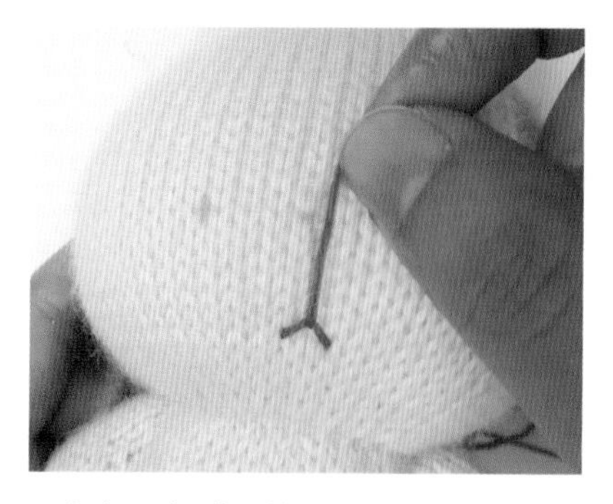

6. 绣好玩偶嘴巴的效果。

19 缝合织物

❶ 起伏针的缝合

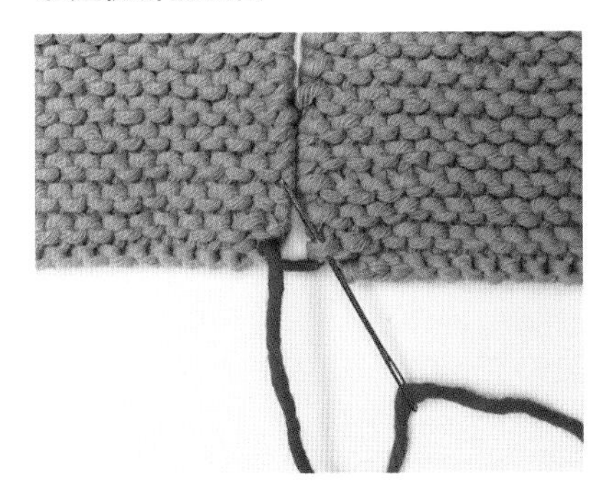

1. 将织物正面朝上并排放置。

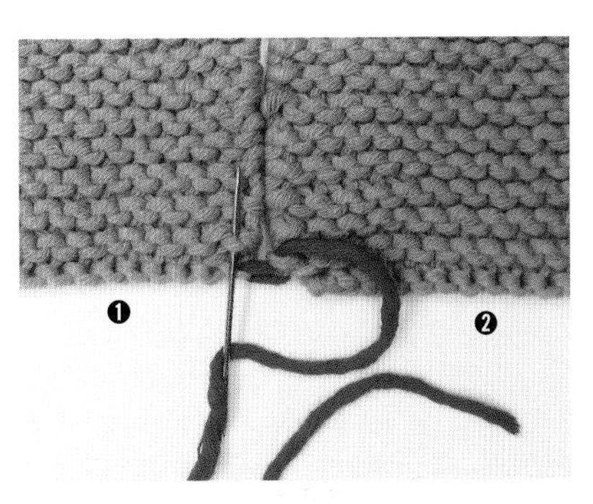

2. 如图所示，挑起1号织物1个线圈内侧的横线。

3. 如图所示，挑起2号织物1个线圈内侧的横线。

❷ 平针的缝合

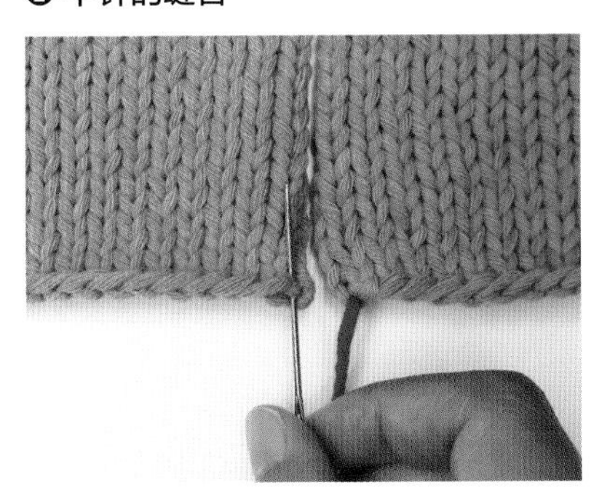

1. 将织物正面朝上并排放置。

2. 依次交替插入每1行内侧针与针之间的空隙进行缝合。

3. 一边缝合一边把线拉紧。

❸ 平针织物的接合

1. 上面的织物将针横穿过 V 字缝合。

2. 下面的织物将针横穿过 Λ 字缝合。

※ 缝合时形成的线圈大小要和织物的线圈基本一致，所以不要把线拉得太紧。

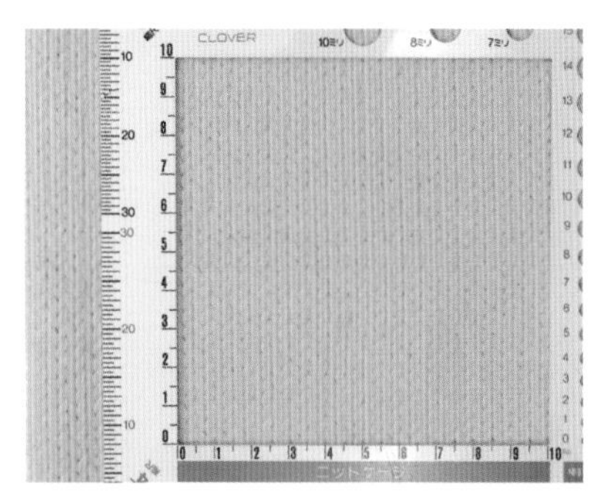

本书中已经标记了所有作品中所需要的线还有作品的密度。作品密度是指10cm×10cm以内的行数和针数。按照教程给出的密度编织非常重要，否则成品就会过于松垮或紧绷。如果成品和教程中的密度不同，可以尝试更换针的尺寸。如果针数和行数过少，用小一号的针，反之如果过多，就用大一号的针。